河南省科技攻关项目"豫北平原夏玉米耕地不同降雨条件下的洪涝风险及减灾技术研究"(编号:222102320104)、新乡学院博士科研启动项目(编号:1366020262)资助出版

# 黄土高原植被建设对小流域降雨径流调节能力的影响研究

黄艳丽 著

黄 河 水 利 出 版 社

· 郑 州 ·

**图书在版编目(CIP)数据**

黄土高原植被建设对小流域降雨径流调节能力的影响研究／黄艳丽著. -- 郑州：黄河水利出版社，2024.
7. -- ISBN 978-7-5509-3929-5

Ⅰ. P333.1

中国国家版本馆 CIP 数据核字第 2024B7G269 号

组稿编辑:杨雯惠　电话:0371-66020903　E-mail:yangwenhui923@163.com

| | | | |
|---|---|---|---|
| 责任编辑 | 乔韵青 | 责任校对 | 兰文峡 |
| 封面设计 | 李思璇 | 责任监制 | 常红昕 |
| 出版发行 | 黄河水利出版社 | | |

地址:河南省郑州市顺河路 49 号　邮政编码:450003

网址:www.yrcp.com　E-mail:hhslcbs@126.com

发行部电话:0371-66020550

| | |
|---|---|
| 承印单位 | 河南博之雅印务有限公司 |
| 开　　本 | 787 mm×1 092 mm　1/16 |
| 印　　张 | 8 |
| 字　　数 | 190 千字 |
| 版次印次 | 2024 年 7 月第 1 版　　2024 年 7 月第 1 次印刷 |
| 定　　价 | 68.00 元 |

# 前　言

黄土高原植被建设在有效减少入黄泥沙、改善生态的同时,也引起降雨径流变化。流域的生态调节功能是其健康与可持续发展水平的重要标尺,由于黄土高原特殊的地理环境与气候特点,小流域对降雨径流的调节能力是重要的生态功能,也是黄土高原生态治理的本质目标。但目前针对黄土高原植被建设小流域降雨径流调节能力的系统研究较少。本书通过人工林小流域杨家沟与自然恢复小流域董庄沟的对照土壤采样、实验室分析、模型模拟与水文统计分析,以平行流域空间代时间的方法对植被措施带来的径流与植被变化、枯落物与土壤水文响应进行对比分析,以定量研究植被建设影响下小流域径流调节能力的变化及其枯落物、土壤因素的变化、响应。研究结果将为黄河流域生态保护和高质量发展提供理论及数据支撑。主要研究结论如下:

(1)多层次分析了植被建设小流域降雨径流及其调节能力的变化。杨家沟与董庄沟在 1961—2014 年降雨无显著变化情况下,1954—1963 年、1981—1992 年、1993—2004 年与 2005—2014 年 4 个阶段中年洪水次数与汛期洪水次数不断下降且逐渐趋同,多年平均径流深、侵蚀量不断增加但不显著,多年汛期平均径流系数上升趋势显著;两者各阶段产流降雨的次均雨量与雨强均处于上升趋势,末期较初期分别提高了 18.64%、78.57%、29.27%、23.63%;与典型降雨的洪水过程相比,前者洪峰流量、洪量与单位面积土壤侵蚀量都小于后者,但高强度降雨下两者洪量没有显著差异;以最大 30 min 降雨强度($I_{30}$)为自变量对洪峰流量模数(PM)进行线性回归分析,回归系数随治理阶段延伸处于下降趋势,且同一阶段、降雨类型的回归系数前者小于后者。这表明杨家沟与董庄沟降雨产流的阈值愈来愈高;降雨径流的调节能力愈来愈强,且前者强于后者,前者削减洪峰、降低侵蚀的作用尤其突出;但植被建设小流域的降雨径流调节能力有雨强、雨量局限性。

(2)揭示了植被建设小流域枯落物的结构、持水特征及其降雨径流调节能力。经过60 年的生态恢复,杨家沟的植被盖度、多样性及生物量均高于董庄沟,两小流域枯落物平均厚度分别为 4.03 cm、1.96 cm。4 月,前者枯落物平均蓄积量为 7.74 t/hm²,未分解、半分解和完全分解部分的占比分别为 22.31%、39.19% 和 38.50%;后者枯落物平均蓄积量为 6.67 t/hm²,各部分占比分别为 18.21%、27.41% 和 54.38%。11 月,两者枯落物平均蓄积量分别为 10.29 t/hm²、8.60 t/hm²,均表现为半分解枯落物占比最高。杨家沟枯落物持水率随分解程度增加而下降,董庄沟则表现为半分解枯落物的持水率最高,完全分解枯落物的持水率最小;枯落物不同浸泡时长的平均吸水速率前者高于后者,两者吸水速率的差距随浸泡时长增加先扩大后缩小,浸泡 1 h 时差距最大。说明植被建设增加了小流域枯落物的蓄积量,从而提高了其枯落物尤其是 1 h 内的降雨径流调节能力与速度。

(3)阐述了植被建设对土壤水文指标的影响。60 cm 土深内,杨家沟与董庄沟土壤容重分别为 1.24 g/cm³、1.21 g/cm³,土壤孔隙度分别为 54.23%、55.28%,有机质含量分别为 12.78 g/kg、11.13 g/kg,黏粒、粉粒、砂粒含量分别为 19.24%、68.35%、12.41% 与

18.21%、68.92%、12.87%，均属于粉（砂）壤土；10 ℃时的土壤饱和导水率分别为 0.43 mm/min、0.44 mm/min。相似两流域分别经人工林治理与自然恢复 60 年后，土壤容重、有机质、机械组成、孔隙度、饱和导水率均无显著差异（$P<0.05$），表明植被建设对土壤水文指标没有产生显著性影响。两流域土壤水分特征曲线与比水容量的变化趋势一致，但各基质势下前者土壤含水量较高，说明人工林土壤水分的有效性提高、供水容量扩大、耐旱性增强。

（4）计算了植被建设小流域土壤的次降雨调蓄量，阐明了植被建设对小流域土壤的水分特征及降雨径流调节能力的影响。2016 年 8 月，持续干旱过程中，杨家沟剖面（0～120 cm）土壤含水量小于董庄沟；前者土壤含水量由土表至土深 100 cm 内不断下降、100～120 cm 土层转而上升，后者由土表向下不断上升；两者 30 cm 土深处的土壤湿度相当（等水量层），干旱使等水量层下移，降雨入渗补给使其上移，但从此土层开始，土体越深、越浅处两者土壤含水量差距越大；前者土壤水分变化幅度宽，补、用能力强，土壤对降雨的调蓄弹性大。杨家沟与董庄沟同期土壤水分 $\delta D$ 和 $\delta^{18}O$ 前者>后者，与梯田对照相比两者 $\delta D$ 与 $\delta^{18}O$ 均显著较低，蒸发分馏相对较弱，蒸发影响深度分别为 40 cm 与 60 cm。2016 年 8 月 23 日、24 日超过 50 mm 的降雨后两者降雨入渗的深度分别为 60 cm 与 50 cm，降雨补给量分别为 12.24 mm 与 9.71 mm，前者均显著高于后者。可见，人工林建设确实增加了流域土壤水分消耗，但也在一定程度上改善了土壤的降雨入渗补给能力，提高了土壤的雨水调蓄容量。

本研究及成果出版得到国家自然科学基金重点项目"黄土高原生态建设的生态-水文过程响应机理研究"（编号：41330858）、国家自然科学基金项目"尼罗河上游丘陵区水土保持与高产高效农业研究"（编号：41561144011）、河南省科技攻关项目"豫北平原夏玉米耕地不同降雨条件下的洪涝风险及减灾技术研究"（编号：222102320104）、新乡学院博士科研启动项目（编号：1366020262）的共同资助。

限于作者水平，书中疏漏之处在所难免，不当之处恳请读者批评指正。

作 者

2024 年 4 月

# 目　录

# 第 1 章　绪　论

　　黄土高原水土保持及生态建设关系着区域社会、经济及环境的可持续发展。而大规模、高强度水土保持及生态建设措施的实施，在有效减少入黄泥沙、改善生态的同时，也引起一系列不同程度和方向的环境变化，尤其是水环境变化，如：植被建设引起的土壤干层（陈洪松 等，2005）、"雨水集流"造成人为水分循环的切断或改变（丁琳霞，2000），特别是20 世纪 70 年代以来的黄河断流问题。这些环境变化引起人们对黄土高原水土保持及生态建设的深层思考。

## 1.1　研究背景

　　黄土高原总土地面积 62.68 万 $km^2$，地跨山西、陕西、内蒙古、河南、甘肃、宁夏和青海等 7 省（区），共 287 个县（旗）。黄土高原地处内陆，属典型的大陆性季风气候；太阳年辐射量 50.2 万~67.0 万 $J/cm^2$，年平均气温 3.6~14.3 ℃，冬季干燥寒冷，夏季湿润炎热，气温年、日较差大；多年平均降水量 150~750 mm，降水年际、年内分布极不均匀，丰水年降水量达 700 mm，干旱年只有 200 mm，年内降水一般集中在夏季（6~9 月）；大部分地区年水面蒸发能力 1 500~2 000 mm，为年降水量的 2~8 倍。作为黄土高原地下水的主要补给水源，降水的补给量非常有限。在这样的气候条件下，区域水资源供需矛盾尖锐，单位耕地面积平均水量与人均水量分别为全国平均水平的 14% 和 26.4%。

　　黄土高原典型黄土区面积 42 万 $km^2$，黄土厚 50~80 m。疏松多孔的黄土结构、典型的沟壑地貌、稀疏的植被覆盖及过度集中的汛期暴雨造成严重水土流失区 28 万 $km^2$，占区域面积的近一半，平均侵蚀模数 3 720 $t/(km^2 \cdot a)$（中国森林立地分类编写组，1989），水土关系严重失调。

　　综上所述，恶劣的水环境在制约黄土高原农业、工业生产的同时，导致严重的水土流失。因此，改善生态环境必须首先改善水环境（徐学选 等，1999），健康的水环境是黄土高原可持续发展的命脉。

　　鉴于此，20 世纪 50 年代始黄土高原就开展了大面积、高强度以拦蓄降雨为主的水利水保工程，20 世纪 90 年代又开始了退耕还林（草）的"山川秀美"工程，生态治理措施带来显著的土地利用与覆被变化特别是植被变化。大量基于遥感数据的土地利用变化研究表明，自 1999 年退耕还林还草政策实施以来，黄土高原七成以上地区植被覆盖度呈增加趋势（肖强 等，2016），近四成地区增加趋势显著（$P<0.05$）（郭永强 等，2019）。全域植被盖度 1999 年为 31.6%，2017 年已提高至 65% 左右，总体上显著增加（孟晗 等，2019；张含玉 等，2016），年均增速达到 0.59%（郭永强 等，2019）。

　　这一系列以减少水土流失、改善生态环境为目的，以"治水"为核心手段的建设措施在有效减少入黄泥沙、增加植被覆盖度的同时，也引起黄土高原土壤干层（张晨成 等，

2012)、径流削减(穆兴民 等,1998)等水环境变化。水土保持的实质是生态水文过程的调节和控制,植被建设在拦蓄降雨、促进就地入渗的同时,也使蒸散耗水量增加,均从蓄、用两个方面作用于黄河流域水文循环,造成区域水文小循环增强、大循环削弱(张志强 等,2003),最终造成入黄径流量减少。与 20 世纪相比,黄河上游和中游径流量分别减少了36.7%和54.0%(李二辉,2014),潼关断面汛期含沙量降低 62%(刘晓燕 等,2017),中小尺度例证亦有同样趋势(李玉山,2001)。

由此可见,黄土高原植被建设的降雨调蓄能力、机制及其影响因素、水环境效应研究成为黄土高原生态建设效益评价及可持续发展的重中之重,也是土地利用/覆被变化与生态水文研究在黄土高原特殊地理环境下的表现与发展。

# 1.2 研究进展

随着人口的增长和科学技术的进步,人类对地球的作用越来越明显。人类活动可能已经驱动着全球变化中的某些过程,具有改变地球系统运行状态的潜在可能(安芷生 等,2001)。地表植被系统是地球生物化学变化过程中的重要角色,是全球变化中的关键因素,植被覆被变化引起土壤、水文、生态系统及气候等一系列响应。黄土高原植被建设的水文效应是人为影响下水的数量、质量及其原有运动、转化规律的变化,包括水文过程效应与水环境效应,而囿于黄土高原的干旱环境与严峻的水土矛盾,水文过程效应是决定生态建设成效的关键,是水文效应研究中的重点,其研究也更加普遍、深入。

随着植被建设的逐步开展、极端水文现象的产生及生态问题认识的深化,黄土高原生态建设水文过程效应研究出现了 3 个热点领域:①由水土保持方式之争而引起的土壤水库研究;②由土壤干层而引起的土壤水分利用及平衡研究;③由黄河断流引起的径流变化研究。其中,土壤水与降雨径流是黄土高原植被建设水文过程效应研究的热点与重点内容,但随着全球变化与陆地水循环研究的方兴未艾,蒸散发与地下水水文过程变化也获得了重视与发展。

## 1.2.1 土壤水文过程变化

土壤水分通常被定义为土壤中非饱和带的水分(Seneviratne SI et al.,2010),是土壤质量的重要标志(张凯 等,2011),又是连接大气水、植物水、地表水、地下水的纽带。土壤水分变化是土地利用与气候变化的综合反映,将影响并改变一系列水文过程。土壤水的存储、补给、消耗、更新和平衡对生态环境和水资源平衡都有重要意义,对半干旱和干旱地区的水资源利用与评价尤为重要。因此,土壤水文过程变化是黄土高原植被建设水文过程效应研究的核心。

黄土高原植被建设的土壤水文过程效应研究一直是与旱地农业的用水需求紧密联系在一起的,研究重点是土壤水分状况与土壤持(蓄)水能力、土壤干层与土壤水分平衡两个方面。研究方法包括野外监测、调查、采样,实验室分析,水平衡计算,模型模拟等;近年来,同位素示踪技术为黑箱状态的土壤水运动与转化、水量平衡等精准化定量研究提供了技术手段,促进了土壤水文机制性研究。

#### 1.2.1.1　土壤水分状况及持(蓄)水变化

##### 1. 土壤水分变化

土壤水分状态通常由土壤水分的输入、输出及其持水能力来决定。由于黄土高原地下水埋深一般在 60~100 m 以下,不能上移补充土壤水,而深厚的黄土层也影响了土壤水分对于地下水的补给,因此土壤水分的输入主要依赖大气降水,输出主要是蒸散发。植被建设一方面改变了黄土高原的下垫面条件,造成降雨分配方式及环境的变化;另一方面改变了土壤孔性、有机质、团聚体等水力学特性,从而改变了土壤水分输入、输出及土体内蓄存特征。

人工植被建设除改变土壤物理、化学和生物学性质外,主要是改变了土壤水分关系。植被类型相较于地形对土壤水分的影响更显著(周娟 等,2013),黄土高原人工种植各植被类型后土壤水分含量草地>灌木林地>乔木林地(潘春翔 等,2012),土壤水分的季节变化规律与当年降水量及其季节分配直接相关。黄土高原 1961—2000 年在降水量、潜在蒸发量不断减少的条件下,土壤水分不断减少,6 月土壤水分均值从 42.3 mm 降至 38 mm,10 月土壤水分均值从 93.9 mm 降至 56.7 mm(游松财,2010)。

##### 2. 土壤持(蓄)水变化

土壤具有存蓄、调节水分的功能,由此被称为土壤水库。土壤蓄水能力是指土壤所能蓄存的水量,即土壤水库的"库容"。维护土壤水库就能保护生态环境,土壤水库调蓄功能的重建是解决黄土高原生态问题的重要方法(朱显谟,2000a;2000b)。黄土高原生态建设植被恢复过程中通过根系的穿插作用和对土壤性质的改善,一方面增加了土壤大孔隙数量,提高了土体赋存通透性,改善了土壤持水性;另一方面促进了雨水入渗,强化了土壤蓄水能力。不同林型、林龄的森林土壤蓄水效应不同。乔木林地较撂荒地、草地和灌木地土壤储水量的增幅分别为 68%~79%、41%~50% 和 15%~20%(赵世伟 等,2003)。晋西黄土区 0~150 cm 土层中平均蓄水量次生林地(331.95 mm)>有整地措施的油松人工林地(314.85 mm)>刺槐人工林地(233.85 mm)(张建军 等,2011)。但植被建设在促进黄土高原降雨入渗、提高土壤水分雨水补给率的同时,植物水分消耗也在增加,土壤水库实际蓄水量不增反降。甘肃省庆阳市西峰区境内南小河沟流域的人工治理小流域与自然恢复小流域相比 44 年内土壤含水量累积减少约 222 mm,平均每年减少 5 mm(王红闪 等,2004)。据研究,造林整地能够提高土壤有效储水量,林下土壤水分含量较高(张志强 等,1993)。

#### 1.2.1.2　土壤干层与土壤水分平衡变化

黄土高原植被建设在改善区域水土关系,提高土壤持、蓄水能力的过程中也发现土壤水分的补用失衡现象,造成土壤干层效应。土壤干层是指位于多年平均降雨入渗深度以下,因气候变化、地表植被过度消耗深层土壤储水导致水分失衡(陈洪松 等,2005),在土壤剖面上形成的干燥化土层(郑纪勇 等,2004)。始于 20 世纪六七十年代的土壤水分平衡变化研究发现了干层现象,并围绕土壤干层的产生、定义、分布、危害、量化指标及其调控与恢复开展了一系列研究,结果表明,黄土高原土壤干层广泛存在、发生频繁,且持续扩大、日趋严重,这将阻碍区域生态系统的生物小循环、削弱水文大循环,严重影响生态建设成效(邵明安 等,2016)。

　　黄土高原土壤干层是暖干化气候与生态建设中过度引入高耗水植物物种、过分追求高生长量、高经济效益的人工林草营育模式造成的巨大的土壤水分矛盾的反映,是土壤水分严重亏缺的一种表现形式。土壤干层的分布受气候、土壤、土地利用方式、地形、植被种类及其景观格局的影响,具有明显的空间变异性(夏江宝 等,2009)。

　　黄土高原土壤干层平均厚度 160 cm,平均起始深度 270 cm,发育过程、干化强度与降雨量、土地利用方式、植被种类及其生长年限强烈相关,总体上土壤干燥化程度与干层厚度林地>园地>人工草地>自然草地>农地(陈攀攀 等,2011)。洛川、白水、延安和静宁苹果园地土壤干层出现时间依次为 13 年、11 年、7 年、6 年,且干层逐年加厚,20 年时干层超过 11 m,21 年后 3～15 m 土层处于相对稳定的干燥化状态(段良霞 等,2015);洛川、延安和榆林油松林地土壤干层出现时间依次为 15 年、10 年、6 年,分别在 16 年、14 年和 9 年生时超过 7 m,在 19 年生时超过 10 m,20 年生以后 2～10 m 土层土壤湿度保持相对稳定的干燥化状态。静宁(1～16 年生)、延安(1～18 年生)、洛川(1～22 年生)、白水(1～21 年生)苹果林地土壤干燥化速率依次为 64.9 mm/a、63.9 mm/a、59.6 mm/a 和 56.9 mm/a(段良霞 等,2017);洛川、延安和榆林油松林地年均土壤干燥化速率分别为 176 mm/a、111 mm/a 和 69 mm/a(李军 等,2010)。

　　调控与恢复始终是土壤干层研究的目标,通过长期定位观测与模型模拟分析土壤干层与植被的互馈关系,科学评估土壤干层恢复的可能性、措施及耗时是当前与今后黄土高原生态建设土壤水文过程效应研究的重要内容之一。已有研究认为黄土土壤水活跃层一般在 2 m 左右,而黄土高原土壤干层一般在 2 m 以下,干层会切断或减缓土层间的水分交换,阻隔降雨入渗,使土壤水分亏缺很难补充,进而影响植被生态服务功能的发挥(胡春宏,2018;叶正伟 等,2018);但依据土壤水分承载力因地制宜地选择植被种类、科学确定种植制度与密度(Berg B et al. ,1993)、合理规划与布局植被建设并进行适度整地等能够有效地调控甚至恢复土壤干层(Freschet G T et al. ,2012)。

## 1.2.2　降雨径流水文过程变化

　　黄土高原生态建设以调水减沙为手段、以水土协调为目标,流域产汇流条件、降雨径流关系与雨洪过程的改变是不可避免的结果。近年来,为了准确区分自然与人为因素在径流水文过程变化中的作用与贡献度,归因研究的价值与意义也日益得到重视。

### 1.2.2.1　径流量变化

　　自 20 世纪 60 年代黄土高原开展生态治理以来,黄河干流及各支流流量下降明显(张远东 等,2019;彭云莲 等,2018;Maguire D A,1994;Facelli J M et al. ,1991)。黄河中游河口镇至龙门区间(简称河龙区间)1952—2000 年的径流量发生了显著性趋势性减少,年均减少 18.8 亿 m³(穆兴民 等,2007);1999—2007 年间黄土高原 40%的地区产水减少了 1～20 mm(冯晓明 等,2011)。

　　黄土高原植被建设通过改变区域下垫面条件,改变流域径流量与降雨径流关系,影响区域水循环,具有明显的径流调节作用(袁希平 等,2004)。各种植被减水效果为林地(82%)>草灌(54%)>农地(29%)(张志强 等,2001)。但植被的减水效用受降雨过程、降雨特性影响(王光谦 等,2006),小雨或大雨情况下减流作用明显,大暴雨乃至特大暴雨情况下径流调节能力较弱。

关于黄土高原森林对河川径流量的影响尚存争议,但目前比较认可的结论为:土石山区森林覆盖率越高,河川径流量越大,森林能够增大地面径流量(杨文治,2001;刘昌明,1978);相反,黄土区森林覆盖率越高,河川径流量越小,森林能够减少地面径流量(Wang L et al.,2012;刘世荣 等,1996)。蔡庆(1992)研究了1992年子午岭区域植被覆盖率与径流量的关系,得出植被覆盖率由2.6%增加至93.0%时,径流深减少了34%;植被覆盖率每增加10%,径流量减少3.3%。孙阁(1987)对黄土高原丘陵区汾川河和清涧河、李昌荣等对葫芦河和北洛河流域的观测也证明森林覆盖率增加导致河川年径流量减少;李怀恩等利用黄土丘陵沟壑区向阳沟小流域1996—2001年的实测水文资料分析发现,无论是坡面径流小区还是小流域随植被覆被度增大,洪水径流总量与洪峰流量均会降低(李怀恩等,2004);黄河河龙区间的黄土区和风沙区、北洛河上游和汾河流域自20世纪70年代林草植被覆盖率增加导致的减水量合计约17.8亿 m³(刘晓燕 等,2014);陕西省安塞县自1999年实施退耕还林(草)工程以来,径流量丰水年锐减(朱会利 等,2011)。毋庸置疑,黄土高原植被变化将改变河川径流量,但改变程度取决于地表物质组成和气候条件;林草植被在干旱地区的减水量远大于半湿润区;但林草覆盖率大于60%以后产洪系数将稳定在一定量值(刘晓燕 等,2014)。

### 1.2.2.2　降雨径流关系的变化

降雨径流关系是下垫面产流条件决定降雨分配特征的体现,通常通过径流系数来表征。相较于径流量,降雨径流关系的变化是区域或流域径流量与降雨量的相对变化,能够更准确地反映人类活动的水文效应,而剥离气候变化影响的径流的生态建设响应是当前黄土高原水文变化研究的重点与难点。降雨径流关系研究,早期主要以坡面径流小区野外观测与室内模拟试验为主,随后,水文特征参数法逐渐获得应用,而随着计算机、遥感技术的发展,大批经验模型及分布式水文模型的诞生,大尺度水文模拟越来越多地应用于其中。

植被变化将明显改变降雨径流关系。经过沟壑综合整治的桥子东沟1986—2004年径流系数远小于对应年份的桥子西沟(陈鹏飞 等,2010);陕西省安塞县自1999年实施退耕还林(草)工程以来,年均径流系数(0.064)较退耕还林前的20世纪八九十年代分别减少了0.012和0.022(朱会利 等,2011)。

### 1.2.2.3　降雨径流时程分配的变化

植被建设改变地表粗糙程度、地表容蓄水量和行洪路径,进而改变汇流时间及洪水演进的路径和速度,具体反映在洪峰、洪量、洪水滞时、调节作用与降雨补充基流及补枯作用的变化。

#### 1. 洪水特征的变化

研究认为植被措施能有效削减洪量、延滞洪峰,这既是生态建设增强流域蓄水能力的作用,也是生态环境保护措施增加下垫面糙度、延滞产汇流时间的结果。黄土高原有林流域与无林流域相比洪峰流量减少了71.4%~94.3%,洪峰径流模数减小数十倍,洪水历时延长2~6倍,峰前历时滞后3~15倍(孙立达 等,1995);山西省清水河流域,森林覆盖率从20世纪60年代的25.31%增加至80年代末的57.88%,最大洪峰流量削减了44%(王

礼先 等,2001)。森林植被不仅能够坦化径流年内分配,而且能够均衡径流的年际变化;黄土高原子午岭林区相较于非林区,径流过程线更平滑,径流量的年内与年际变化更稳定,径流集中期滞后1个月,且近50年来非林区流域年、夏、秋及汛期径流量均表现出显著性减少趋势(谢名礼 等,2013)。森林的削洪作用明显,而作用的大小受植被类型、林地结构、林地土壤类型和降水特点的综合影响。

2. 基流量与基流指数的变化

黄土高原植被建设能够明显减少流域汛期流量,增加枯季流量(李丽娟 等,2010),达到削洪补枯作用,一般通过河川基流量占总径流量比例(基流指数)的变化来评价补枯作用的变化。河龙区间无定河、佳芦河、清涧河、窟野河流域在植被建设影响下基流指数均出现不同程度的增大(雷泳南 等,2013);北洛河上游水土保持效应期(1980—2002年)、退耕还林效应期(2003—2009年)枯水期(95%)径流量与基准期(1963—1979年)相比分别增加了94.2%、128.1%(刘二佳 等,2015)。多数研究成果认为,森林土壤能够含蓄大量水分,在枯水季节时流出从而增加流域的枯水径流量,使河川径流量保持稳定、均匀(刘世荣 等,1996),黄土高原植被建设会促进基流增加(黄明斌 等,2002)。一般来说,低强度、长历时降雨条件下植被建设的补枯作用更强。但穆兴民认为黄土高原沟壑区疏松多孔的深厚黄土层状堆积结构、干旱少雨的高强度蒸发环境造成生态治理小流域拦蓄的降雨多以蒸散发形式散失于大气,而无法形成地下径流(基流)。甚至,梁四海等认为植被覆盖率增加20%,基流指数减小量会超过10%(梁四海 等,2008);黄土残塬沟壑区山西吉县蔡家川各类小流域基流量对比结果为农地流域>半农半牧流域>半人工林半次生林流域>封禁流域>次生林流域,人工林流域的基流量等于零,农地流域的基流量是次生林流域的2.2倍(张建军 等,2008)。

### 1.2.2.4　径流变化的定量归因分析

黄土高原生态建设前后各流域降雨径流及其时程分配发生了巨大变化,在监测并定量这种变化的同时,研究者们也试图对其进行归因分析。归因研究的内容既包括气候和人为因素的影响和贡献度识别,也包括各种生态环境保护措施具体作用与贡献度的分解,前者能够区分水文变化中的周期性、趋势性驱动力并辨识人类活动的作用边界,后者能够为生态建设规划与工程设计提供理论基础与技术支撑。

在径流量的实测系列中归因自然与人为的影响和贡献是水文和气候学家面临的一个难题,而细化归因植被建设在黄土高原水文变化中的贡献度更是困难。目前,归因研究主要通过试验流域对比、水文模型模拟来进行。前者由于对水文地质环境的一致性要求,水文数据系列的长时间无干扰需求一般仅在个别试验流域做小尺度研究,适用范围较窄,却是进行微观机制性研究的有效方法,能够为大尺度研究提供理论基础。后者通过有目的地选择并设定输入参数来模拟不同气候、植被情境下的水文过程,再与对照情境下的水文过程相对比,就能获得植被对降雨径流变化的贡献度;它的缺点是模型的运行往往需要输入大量的土地利用、气候、水文数据,模型的有效性也依赖大量实测数据的率定,对数据获取与处理的要求高,且总存在适用性与不确定性问题(宋晓猛 等,2013)。

刘昌明等根据黄河干流主要水文站观测资料,认为黄河上游干流近50年来径流量下降中气候变化的贡献度约占75%,中游干流的来水量减少主要受人类活动(生态建设)的影响(刘昌明 等,2004;李玉山,1997),人类活动的贡献度为84.9%(李二辉 等,2014);山仑(1999)认为20世纪90年代降雨减少是黄河断流的自然背景,超负荷引水是其直接原因,黄土高原生态建设的减流作用有限,不应看作黄河断流的原因。20世纪七八十年代与五六十年代相比,延河流域降水减少引起的径流减少幅度依次为12.9%、14%,降水与生态建设共同作用下,相应时段径流减少幅度分别为20.6%、28.2%;20世纪80年代开始,生态建设对径流减少的贡献开始占据主导地位(徐学选 等,2003)。水土保持造成佳芦河和秃尾河流域径流量平均减少10%~22%,20世纪70~90年代相较60年代两流域径流量减少明显,降水及水土保持对其贡献度分别为25%和75%、35%和65%(穆兴民 等,2004)。

#### 1.2.2.5　降雨径流调蓄能力研究

流域生态系统中林冠、地被物、土壤处于紧密而频繁的相互关联和作用中,但各层次具有不同的水分调蓄机制。因此,深入认识生态系统各层面的水分分布、蓄存能力以及迁移过程是科学评价流域径流水文调节机制的必要过程。

1.枯落物调蓄能力

国外对枯落物的研究开始得较早,德国、美国、日本等国家的大批学者就森林枯落物的组成、储量(Bray J R et al.,1964)、水文作用(中野秀章,1983)等自18世纪中后期开展了大量研究。我国自20世纪70年代开始进行枯落物研究,先后就枯落物的概念、组成、储量、研究方法、时空动态、分解速度及水文、生态功能开展了研究。

在森林生态系统的垂直结构中,地被枯落物层是实现森林保持水土、涵养水源的主要作用层。与乔木层和灌木层、草本层不同,枯枝落叶层直接覆盖地表,不仅可以截留降水、缓滞径流、减少土面蒸发,而且能够削弱雨滴溅蚀、减少土壤闭蓄、促进雨水入渗(吴祥云 等,2013),具有良好的水土保持与水文调蓄功能。

枯落物的蓄水能力取决于其蓄存量和持水能力(李海防 等,2011),而其蓄积速度与持水性又与植被系统的构成、发育期、水平及垂直结构、分解状况等有关(郝占庆 等,1998)。枯落物储量以其65 ℃烘干的干物质质量来计算,受气候、植物群种类型、土壤性状和物种多样性等因子影响(Zhou X et al.,2009;Grime J P,1998;赵鸿雁 等,2003;赵鸣飞 等,2016),与其厚度紧密相关。马正锐等(2012)对宁夏地区森林枯落物的研究表明,除辽东栎林外,阔叶林的枯落物厚度均小于针叶林;一般情况下,枯落物的厚度越大,储量也越大,两者呈显著正相关。赵鸣飞等(2016)通过大范围采样发现,黄土高原枯落物储量在1.62~11.43 kg/m²,平均3.46 kg/m²;厚度变化范围在0.6~10.6 cm,平均值为3.0 cm;针叶林与针阔混交林的储量与厚度显著大于阔叶林,各林型储量针叶林(4.87 kg/m²)>针阔混交林(3.85 kg/m²)>阔叶林(2.88 kg/m²),厚度为针叶林(3.9 cm)>针阔混交林(3.3 cm)>阔叶林(2.7 cm)。放牧强度影响枯落物的厚度与储量,随着放牧强度的增加,枯落物的厚度与储量减少(杨婷婷 等,2019)。赵维军(2014)对陕北吴起县植被恢复的微地形作用研究表明,枯落物厚度与坡度指数呈显著负相关。针叶林平均厚度与蓄积量大于阔叶林,拦蓄能力更强(吕刚 等,2017)。

枯落物的水文调蓄作用与其分解程度有密切关系,一般依据分解程度分类研究枯落物的蓄水能力与吸水速率。云南西双版纳不同海拔的枯落物厚度未分解层大于半分解层,未分解层厚度占总厚度的50%以上;随着海拔的增加,总蓄积量与半分解层占比随之增加(胡晓聪 等,2017)。吕刚(2017)指出针叶林半分解层拦蓄水量显著大于未分解层,阔叶林未分解层拦蓄水量大于半分解层;阔叶林未分解层,吸水速率大于针叶林。

枯落物的降雨截持作用不仅取决于其蓄水能力,还受到持水过程与吸水速率的影响。不同类型森林枯落物持水量和吸水速率随时间的动态变化规律基本相似(周娟等,2013)。当降雨强度小于枝落物吸水速率时,枯落物覆盖区域雨水既不会入渗土壤,也不会转化为坡面径流。大量研究发现,随着降雨强度的提高,枯落物的雨水截留率下降,其径流调蓄能力是有限制的。

2. 土壤调蓄能力

土壤是联系地表水与地下水的纽带,是水分储蓄的主要场所,是生态系统水文过程的基础。生态系统一般通过冠层、枯落物与土壤对降雨径流进行调节(潘春翔 等,2012),其中土壤的调节作用占90%以上,所以土壤的降雨调蓄能力变化是植被建设影响下流域降雨径流调节能力变化的主要组成部分。

土壤通过降雨分配不仅涵养了水源,而且有效减少了地表径流及其后发危害。土壤蓄水能力作为流域水源涵养水平的重要指标,对降雨径流的形成、汇聚、输送及其水蚀动力都具有重要影响,是土壤调节水分循环的一个重要指标。

雨水入渗后,土壤孔隙是水分储存的基本空间,水与空气的消长决定了土壤水分的储存量。土壤容重和孔隙度是反映土壤蓄水能力的两项重要物理指标,土壤母质对蓄水有重要影响。毛管孔隙度对土壤通气性、透水性有直接影响,在土壤理化性质和微生物活性等方面也发挥重要的作用(冯嘉仪 等,2018)。土壤水分储存包括两种形式:不饱和土壤中依靠毛管吸持力储存,即吸持储存,可以被植物吸收或从地表蒸发;饱和土壤中自由重力水在非毛管孔隙中快速、暂时蓄存,称滞留储存,二者合称土壤储存水量。滞留储存为大雨或暴雨提供了应急水分储存,减少了地表径流,降雨停止后,应急储存的水分缓慢向深层入渗,发挥了保持水土、涵养水源、调节径流的作用。两种土壤水分储存方式都有助于水土保持,但后者对水源涵养更有意义。通常将土壤蓄水量分为最大蓄水量和有效蓄水量:最大蓄水量是毛管孔隙与非毛管孔隙水分储蓄量之和,反映了土壤储蓄和调节水分的潜在能力(丁访军等,2009),根据总孔隙度计算;有效蓄水量仅指土壤的非毛管孔隙充满水时的蓄水量,根据非毛管孔隙度计算。每次降水过程不同,土壤孔隙尤其是非毛管空隙的蓄满状态不同,黄土高原汛期集中的高强度降雨多发生超渗产流,孔隙往往只能作为土壤涵蓄与调节降雨的理论潜力。潘春翔等(2012)建议用具有明确物理意义的土壤重力水容量和土壤有效水容量来评价土壤的水源涵养能力,前者主要反映生态系统补充地下水和调控河川径流量的能力大小,后者主要反映土壤或生态系统本身保蓄水分的潜力高低。

土壤水分特征曲线及饱和导水率是土壤水动力学研究中的重要参数(傅子洹 等,2015),影响着地面水分的入渗、径流及蒸发三者的分配关系,易受土壤容重、质地、土壤结构、有机质含量等诸多因素的影响(王红兰 等,2018)。土壤饱和导水率与土壤孔隙状况密切相关,特别是大孔隙分布显著影响饱和导水率。植被变化引起土壤有机质、容重、机械组成和孔隙度的变化,导致其持水、蓄水及渗水能力的改变,形成不同的水文特性,从而促发不同的土壤水文过程。森林土壤由于枯枝落叶、植物根系和土壤动物的作用,非毛管孔隙占土壤容积的比例很大,因此滞留储存水量大,能够有效控制地表径流,使土壤不断补充地下水或以壤中流的形式注入河网。不同植被类型的土壤饱和蓄水量、毛管蓄水量、非毛管蓄水量均表现为乔木林>灌木林>草地>农田,土壤涵蓄降水量和有效涵蓄量大小均表现为乔木林>草地>灌木林>农田,且 0~20 cm 土层的储水性能均好于 20~40 cm (夏江宝 等,2009)。

## 1.2.3　蒸散发过程变化

蒸散发不仅作为水循环的重要环节决定着区域水资源的分配,而且作为能量交换的关键组分影响着地域生态与气候环境。蒸散发过程的精确测算是真实反映气候变化和人类活动对流域水文循环影响的前提和基础(宋晓猛 等,2013)。传统蒸散发测定主要局限于点尺度或较小范围,20 世纪 70 年代开始,统计经验法、能量平衡余项法、数值模型法、全遥感信息模型等遥感方法开始应用于区域蒸散发估算中(鱼腾飞 等,2011)。近年来,基于遥感技术与物理机制的分布式水文模型成为黄土高原蒸散发研究中的重要方法。

### 1.2.3.1　蒸散发变化

多年来,黄土高原植被建设在提高区域植被覆盖度、增大裸露水体面积及对土壤保水蓄墒的过程中也增强了区域蒸散发,改变了蒸散发在水循环中的比例(贺添 等,2014)。甘肃西峰人工造林小流域杨家沟与对照荒草地小流域董庄沟相比,1956—2000 年间蒸散量累积增加了 620 mm,平均每年多蒸散 14 mm(王红闪 等,2004)。黄土高原 51 个小流域多年平均 NDVI 与平均蒸散发量具有良好的正相关性($R=0.79$),说明植被增多、蒸散发量必然增大,则在林草建设作为主要生态建设措施的前提下黄土高原植被覆盖度提高、蒸散发量增加是必然。但植被类型不同,蒸散发量也会有差异;Hydrus 模型模拟各种植被的蒸散发量大小为沙棘林>油松林>侧柏林>草地(段良霞 等,2015);而利用分布式水文模型 SWAT 依次模拟陇西华家岭南河流域 100% 覆被耕地、林地、草地、裸地时的蒸散发量响应,模拟结果由大到小依次为草地>林地>裸地>耕地(宋艳华 等,2008)。

黄土高原黄土层深厚,降水是大多数地区水资源的主要来源,降水分配决定了区域水资源量。蒸发系数是蒸散发量占降水量的比例,是雨水资源由地面向大气传输的部分。蒸散发变化由气候与土地利用/覆被变化共同驱动,但蒸发系数的变化却更多是土地利用驱动的结果。作为重要的水平衡要素,蒸散发的时空格局分析对理解水资源的时空变化具有重要作用,而蒸发系数的变化能够更为直观地展现黄土高原可得地表水资源(土壤入渗与降雨径流的和)的变化。黄土高原蒸发系数普遍高于 70%(位贺杰 等,2015),部分地区甚至高达 90% 以上(黄金柏 等,2011)。邵薇薇等(2009)研究发现:黄土高原多年平均 NDVI 与蒸散发量具有良好的正相关性($R=0.79$),但却与蒸发系数具有较明显的负相关性($R=-0.72$);这表明黄土高原植被覆盖度随降水量的增加而增加,但增加的降水量转化为地表水资源的比例却大于消耗与蒸发的比例,间接证明了退耕还林/草虽然增加了植被蒸腾量,但并没有提高蒸发系数;换言之,在降水量不变的情况下,植被建设不会减少地面可得水资源的数量,也就是说植被建设不是地表径流减少的决定性因素。未来,作为正确评判植被建设水文、水资源效应的切入点,黄土高原各种空间尺度上蒸发系数的变化应该予以重点关注,开展进一步的定量研究与分析。

### 1.2.3.2　蒸散发效率变化

蒸散发包括蒸腾与蒸发,前者是植被绿色生产的水分利用,后者主要是土壤与大气间的水分交换。蒸腾在蒸散发中的比例体现了水资源的有效利用度,因此通常把蒸腾量占蒸散发量的比例叫作蒸发效率。蒸发效率是衡量黄土高原有限水资源利用效率的重要指标,其变化应该作为评价生态建设蒸散发水文过程效应的重要指标。黄土高原 51 个小流域多年平均 NDVI 与蒸发效率存在较好的正相关性($R = 0.76$)(邵薇薇 等,2009),也就意味着植被增多促进地区蒸发效率、雨水资源利用率提高。参考岔巴沟 1991 年的气候条件,依次模拟全流域分别被农田、灌木、针叶林、草地全部覆被条件下的实际总蒸散量、蒸腾量和土壤蒸发量,发现:实际总蒸散量的变化不显著(<1%);蒸腾量和土壤蒸发量却在 −23.7% ~ 30.5% 发生明显变化;可见,在蒸发力远大于实际蒸散量的黄土高原地区,大部分降水消耗于蒸散发,植被类型及其结构对总蒸散发的影响不大(莫兴国 等,2004),但却严重影响植被蒸腾与土壤蒸发的相对比例即蒸腾量占总蒸散量的比例。因此,有限的降水资源需要在植被蒸腾和土壤蒸发之间达到平衡,生态建设中可以通过优选植被种类、优化种植结构来提高水资源利用效率。显然,以往黄土高原生态建设的蒸散发变化研究中主要关注蒸散发格局的变化,对蒸散发结构主要是蒸发效率的研究不足,这可能掩盖了生态建设提升区域水资源利用效率的积极水文效应。

## 1.2.4　地下水过程变化

地下水对干旱、降雨集中、地表水资源匮乏的黄土高原来讲是维持地区社会、经济稳定,关乎区域可持续发展的重要水资源。黄土高原基岩地层泥质含量普遍较高、岩石裂隙不发育,这种岩性结构和构造条件限制了地下水的储存数量和运移速度,是黄土高原地下水循环不畅、赋存贫乏的重要原因(刘平贵 等,2001)。地下水补给是指含水层或含水系统从外界获取水量的过程,受气候、地质和人为因素的综合影响。大气降水是黄土高原地下水的主要补给来源,甚至是大部分区域的唯一补给源。但黄土高原有限的降雨多集中于汛期,且汛期降雨量大雨急,多形成超渗产流,因此降雨对地下水的补给量有限,这导致地下水资源更加匮乏。

近年来的研究表明,黄土高原地下水及其补给量下降趋势明显,而生态建设对地下水量及其补给能力、方式的影响由于地下水研究的难度与复杂性而鲜少有准确、系统的结论,一直是黄土高原生态建设水文效应研究中的薄弱环节。精确评价地下水补给量非常困难,目前常用的估算方法有 3 类:化学、物理和数学,其中数学模型仍然是当前估计地下水补给量的常用工具。朱芮芮等(2010)基于实测径流资料的退水过程分析确定生态建设改变了无定河流域地下水系统补给−排泄关系,流域降水入渗补给量与基流量自 1970年后显著减少,且基流的减少程度高于补给量;彭辉利用分布式生态水文模型 RHESSys对比研究了黄土高塬沟壑区生态治理小流域杨家沟与未治理流域董庄沟的地下水补给量,发现 1956—2010 年杨家沟地下水补给量有减少趋势,年均比董庄沟降低了 46.75%(Peng H et al. ,2016)。已有研究认为,黄土高原人工造林蒸散量增加造成的土壤干化弱化了土壤水对潜水的补给,导致地下水补给量不断下降(Peng H et al. ,2016;Li Y S,

1983),部分地区地下水补给量减少率甚至高达 60%(Huang T M et al.,2011)。

地下水位或地下水补给量的变化仅是黄土高原植被建设地下水水文过程效应的一部分,事实上,植被建设影响下降水通过包气带补给地下水的周期、方式的改变,地下水水文过程效应的时间变化及风险预测,土壤水-地下水的耦合效应等诸多问题仍待深入研究。复杂多变的地质地貌、深厚的黄土层以及不断循环运动的地下水水文过程,都增加了地下水的监控与度量难度,但同位素技术为黑箱状态的黄土高原地下水提供了有力的"示踪"工具。

## 1.3 研究中存在的问题

综上所述,从最初的水文法、水保法对生态建设减流能力的定量预测、土壤干层及土壤储水量的野外监测到生态林的通量计算、地下水位的模型模拟与同位素示踪(Gates J B et al.,2011),黄土高原植被建设水文过程效应研究在内容上已经由地表径流到土壤水分,再到地表蒸散发、地下水,扩充到整个水循环过程,但由于水土保持在黄土高原生态建设中的核心地位,地表径流的水文过程变化一直是研究的重点。降雨径流对于干旱缺水、降雨集中、土层深厚的黄土高原来讲既是水土流失的主要形式,又与区域蓄水保墒、水源涵养相矛盾,往往是水环境质量重要的评价指标。近年来,植被建设影响下黄河流域降雨径流变化的研究很多,但对于作为基本集水单元的小流域的降雨径流变化及其调节能力的研究明显不足,特别是对植被建设影响下小流域降雨径流调节能力的变化、机制的系统化研究与试验性验证明显不足。

## 1.4 研究目的与意义

### 1.4.1 研究目的

黄土高原在多年的生态建设后,植被显著增加,生态环境不断改善,土壤侵蚀明显削弱,但降雨产流减少、河川及大中流域径流量下降也成为不容忽视的环境改变。水资源在黄土高原生产、生活与生态中的重要作用使任何水环境变化成为关乎区域社会、经济可持续发展的重要研究领域。因此,植被建设影响下的黄土高原水文过程变化既是中国干旱半干旱地区土地利用覆被变化研究的重点内容,又是生态脆弱区生态可持续性评价与预测的焦点问题。

多年来,植被对于黄土高原水文变化特别是径流变化的研究一直方兴未艾,但结果与结论从未统一。研究对象、尺度、时间与方法不同,植被建设对径流变化的作用方向与大小多不相同;在此基础上植被影响下流域降雨径流的调蓄能力变化及其机制也缺乏系统的研究。鉴于此,本书以作为基本积水单元的小流域作为研究对象,通过试验流域长时间序列的产流对比揭示植被对小流域降雨径流的影响及其时间变化,并采用野外监测与室内试验相结合的方法分析植被对小流域降雨径流调蓄能力的影响及其机制。

### 1.4.2  研究意义

流域的生态调节功能是其健康与可持续发展水平的重要标尺,对于黄土高原特殊的地理环境与气候特点,小流域对降雨径流的调节能力包括水源涵养、削减洪峰、降低侵蚀等内容,是最重要的生态调节功能,也是生态治理的本质目标。但目前针对黄土高原植被建设小流域降雨径流调节能力的系统研究相对较少。因此,基于小流域系统开展植被建设对小流域降雨径流调节能力的影响研究具有以下几方面的意义:

(1)定量分析植被措施影响下小流域降雨径流调节能力的变化程度及幅度,能够科学指导流域内水资源评价、规划及利用,进而促进地区可持续发展。

(2)通过水文统计与对比流域研究定量分析流域雨水调蓄的植被措施响应,有助于准确评价植被建设的效果及效益,为黄土高原生态建设的效益评价提供技术及数据支撑,以结果为导向促进生态建设方法及技术的完善与进步。

(3)通过植被建设影响下研究流域与对比流域枯落物、土壤理化性状与雨水调蓄特征的相关分析,诊断植被建设改变雨水调蓄的敏感与主导因素,客观描述雨水调蓄变化的过程及机制,深化土地利用/覆被变化研究。

# 第 2 章　研究区概况、研究内容与技术路线

## 2.1　研究区概况

### 2.1.1　地理位置

　　本书以甘肃省庆阳市西峰区境内南小河沟(东经 107°30′~107°37′,北纬 37°41′~35°44′)的人工刺槐治理小流域杨家沟(107°33′E,35°42′N)作为研究流域,以自然恢复小流域董庄沟作为其对照流域(见图 2-1)。南小河沟位于蒲河下游、董志塬西侧,甘肃省庆阳市西峰区西 13 km 处,是泾河支流蒲河左岸的一条支沟,属黄土高塬沟壑区。1954 年黄河水利委员会西峰水土保持科学试验站将南小河沟确定为综合治理试验基地,开始了全面的试验布设和水土保持治理工作。

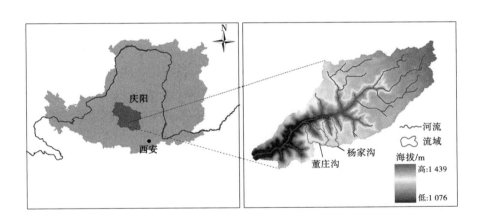

**图 2-1　研究流域位置**

### 2.1.2　气候特征

　　根据西峰气象站多年降水资料统计分析,区内多年平均降水量 546.9 mm,年最大降水量 828.2 mm(2003 年),年最小降水量 309.7 mm(1942 年)。在多年平均降水量中,5—9 月降水量 420.3 mm,占全年降水量的 76.9%;7—9 月降水量 301.1 mm,占全年降水量的 55.1%。年平均气温 9.3 ℃,多年平均最高气温 39.6 ℃、最低气温-22.6 ℃,最大日温差 23.7 ℃,平均无霜期 155 d,蒸发量 1 474.6 mm(朱悦 等,2011)。两流域年降水量介于 319.8~805.2 mm,平均值 556.5 mm;年平均气温 7~10 ℃,日照时数 2 250~2 600 h,

太阳辐射总量 125~145 kcal/cm²，平均蒸发量 1 306.1 mm，属标准的大陆性气候（黄艳丽等，2018）。

### 2.1.3　地质地貌

研究流域地质构造比较单一，基本为第四纪黄土所覆盖，总厚度达 250 m 左右。流域主要有砂岩、黄土状重亚黏土、黄土状亚黏土、红色黄土和黄土 5 种岩层。黄土质地坚硬，胶体含量高，遇水易膨胀，透水性差，干缩湿胀现象突出，降雨及气温影响下表层形成鳞片状剥蚀，即"红土泻溜"。流域坡面陡峻，多悬崖立壁，根部受洪水浸润或淘冲，常形成崩塌、滑塌；泻溜与崩塌体大量堆积在沟谷的坡脚，成为泥沙的主要来源，造成活跃的沟谷侵蚀。

### 2.1.4　植被建设的历史与成果

杨家沟小流域自 1952 年开始按照"全面规划，集中、连续治理，沟坡兼治、治坡为主"的方针，开展了以植树造林为主要内容的水土保持治理。具体治理内容包括：塬面修地埂，修沟边埂；山坡造林、种草；沟底每隔 20~30 m 打一道柳谷坊。流域人工栽培的乔木树种主要有刺槐（Robinia pseudoacacia L）、山杏（Prunus armeniaca）、山杨（Populus davidiana）、旱柳（Salix matsu dana）、侧柏（Platycladus orientalis）、油松（Pinus tabuliformis Carrière）等，灌木主要有紫穗槐（Amorpha fruticosa Linn.）、柠条（Caragana Korshinskii Kom.）、沙棘（Hippophae rhamnoides Linn.）等。作为对比流域，与之相邻的董庄沟保持封禁、自然恢复。经过多年治理，杨家沟小流域现已形成以刺槐、侧柏、油松、山杏、沙棘等为主的人工植物群落，董庄沟小流域则形成以艾蒿（Artemisia argyi H. Lév. & Vaniot）、马牙草（Arundinella anomala Steud.）、冰草（Agropyron cristatum）等本地草被为主的天然荒草地群落（陈攀攀 等，2011）。

## 2.2　研究流域（杨家沟）与对比流域（董庄沟）的对比

### 2.2.1　基本状况

杨家沟与董庄沟是两条相邻支沟，面积分别为 0.87 km²、1.15 km²，沟长分别为 1 500 m、1 600 m，沟道比降分别为 10.67%、8.93%，沟道走向由北向南。流域内沟床一般是黄土或黑垆土；塬面、山坡几乎全部为黄土所覆盖，干容重 1.4 g/cm³，为粉砂壤土。具体情况对比见表 2-1（Peng H et al.，2016）。

表 2-1　流域基本情况对比

| 基本情况 | | 杨家沟(Y) | 董庄沟(D) |
|---|---|---|---|
| 流域面积/km² | | 0.87 | 1.15 |
| 地貌类型/% | 塬面 | 34.5 | 33.0 |
| | 坡面 | 23.9 | 27.4 |
| | 沟谷 | 41.6 | 39.6 |
| 土壤类型 | | 黑垆土、黄土 | 黑垆土、黄土 |
| 沟长/m | | 1 500.00 | 1 600.00 |
| 沟道比降/% | | 10.67 | 8.93 |
| 平均宽度/m | | 580.00 | 720.00 |
| 土地利用/% | 林地 | 55.3 | 18.0 |
| | 农地 | 36.9 | 14.7 |
| | 草地 | 3.5 | 63.9 |
| | 建设用地 | 4.3 | 3.4 |
| 植被类型 | | 刺槐、山杏、山杨 | 野古草、冰草、艾蒿 |

## 2.2.2　植被生态

20 世纪 50 年代杨家沟开始人工栽植刺槐、杏树等,造林面积达流域的 79%,而董庄沟一直作为杨家沟的对比流域保持自然发展、演替。至今,两流域沟谷土地利用未有变化。前者在多年的生态环境保护措施影响下形成了由刺槐(*Robinia pseudoacacia* L)、山杏(*Prunus armeniacavar. ansu*)、沙棘(*Hippophae rhamnoides* Linn.)、马牙草(*Arundinella anomala* Stend)、冰草(*Agropyron cristatum*)、艾蒿(*Artemisia argyi*)组成的人工林草复合生态系统,后者经过几十年的封育演替形成了包括马牙草(*Arundinella anomala* Stend)、冰草(*Agropyron cristatum*)、艾蒿(*Artemisia argyi*)的天然草地系统。除植被外两者自然环境条件基本一致,因此常作为生态效用研究的一对对比小流域(黄艳丽 等,2018)。

在杨家沟(刺槐林地)上、中、下游根据坡向、坡度、植被盖度选择代表性坡面,在每个坡面上设置样方(10 m×10 m),样方内分林木层、灌木层、草本层调查植被数量、冠幅面积、林木树高、粗度、盖度与生活力。董庄沟依据杨家沟典型坡面的位置对照选择典型坡面并设置 10 m×10 m 的标准样方,在样方内分别调查灌木的丛数、冠幅面积、高度、盖度、生活力与草本的盖度、高度、生活力。两个小流域各典型坡面植被调查结果见表 2-2。

表2-2 不同流域的植被特征

| 典型坡面(样方) | 样点编号 | 林木层 | | | | | | 灌木层 | | | | | 草木层 | | |
|---|---|---|---|---|---|---|---|---|---|---|---|---|---|---|---|
| | | 盖度/% | 株数/株 | 冠幅面积/m² | 高度/m | 粗度/cm | 生活力 | 盖度/% | 丛数/丛 | 冠幅面积/m² | 高度/m | 生活力 | 盖度/% | 高度/m | 生活力 |
| 1 | 1,2,3 | 95 | 7 | 1~14 | 2.7~6.4 | 13~28 | 中 | 45 | 18 | 0.12~3.00 | 0.52~1.6 | 强 | 95 | 0.08~0.47 | 强 |
| 2 | 4,5,6 | 80 | 5 | 2~12 | 1.3~9.1 | 12.5~37 | 强 | 50 | 24 | 0.12~3.60 | | 强 | 90 | 0.22~0.37 | 强 |
| 3 | 7,8,9 | 45 | 7 | 3~16 | 1.5~8.3 | 23.6~43.6 | 中 | 40 | 15 | 0.12~1.56 | 0.7~1.4 | 强 | 75 | 0.37~0.85 | 强 |
| 4 | 10,11,12 | 75 | 7 | 1~9 | 2.3~8.5 | 27.14~44.07 | 中 | 30 | 5 | 0.09~5.52 | 0.8~2.3 | 强 | 92 | 0.26~0.45 | 强 |
| 5 | 13,14,15 | 70 | 6 | 4~14 | 4.8~9.3 | 36~43 | 强 | 38 | 13 | 0.96~5.06 | 2.8~3.2 | 强 | 85 | 0.27~0.60 | 强 |
| 6 | 16,17,18 | 40 | 9 | 4~7 | 3.6~7.8 | 32~47 | 中 | 15 | 5 | 0.42~2.55 | 0.6~1.8 | 强 | 60 | 0.38~0.62 | 强 |
| 7 | 19,20,21 | | | | | | | 3 | 3 | 0.25~1.20 | 0.32~0.43 | 中 | 78 | 0.06~0.27 | 中 |
| 8 | 22,23,24 | | | | | | | 0 | 0 | | | | 85 | 0.15~0.42 | 强 |
| 9 | 25,26,27 | | | | | | | 15 | 7 | 0.8~4.25 | 0.3~0.8 | 中 | 80 | 0.08~0.37 | 强 |
| 10 | 28,29,30 | | | | | | | 18 | 9 | 0.03~3.60 | 0.6~1.7 | 中 | 76 | 0.08~0.47 | 强 |
| 11 | 31,32,33 | | | | | | | 21 | 11 | 0.16~3.00 | 0.5~1.2 | 强 | 65 | 0.07~0.42 | 中 |
| 12 | 34,35,36 | | | | | | | 4 | 6 | 0.16~0.96 | 0.37~1.2 | 中 | 75 | 0.05~0.4 | 中 |

本次调查分别在每个流域上、中、下游的东、西坡向各设置一个对照坡面,两个流域共选择了 12 个典型坡面,在每个典型坡面上设置一个样方,每个样方内在上、中、下坡各设置一个样点,典型坡面与采样点统一编号。因此,12 个典型坡面包括杨家沟的 1~6 号与董庄沟的 7~12 号。

调查结果表明,杨家沟 100 m² 坡面上平均分布刺槐 5~9 株,刺槐林冠面积在 1~14 m²,林高 1.3~9.3 m,胸径 12.5~47.0 cm,林木覆盖度最低 40%、最高 95%;部分坡面的人工刺槐有枯亡,甚至有坡面林木枯亡率达 50% 以上,多数林木生活力中等。除刺槐外,杨家沟坡面上还分布有疏密不一的灌丛,灌丛冠幅面积最低 0.03 m²、最高 5.52 m²;高度在 0.30~3.20 m、盖度在 15%~50%,生活力强。杨家沟坡面上草本植物多样,高度在 0.05~0.85 m,覆盖度普遍较高,在 60%~95%,生活力强。综上所述,杨家沟植被种类多样,已经形成了包括乔木、灌木、草本植物等在内的多层次复杂生态系统。

董庄沟(7~12 号样方)的调查结果显示,坡面植被包括稀疏的灌丛与较为茂盛的草本植物。100 m² 样方内,灌丛平均 0~11 株,冠幅面积 0.03~4.25 m²,高度 0.30~1.70 m,覆盖度仅 0%~21%;草本植物覆盖度在 65%~85%,高度为 5~47 cm。总体上,董庄沟坡面上自然恢复的草灌植被种类较为单一,特别是灌丛分布较杨家沟稀少,甚至部分坡面没有灌丛分布,且灌丛的生活力普遍不强;草本植物的覆盖度虽然较为均衡,但种类单调、植株低矮,生物生产力较低。

## 2.3　研究内容与技术路线

### 2.3.1　研究目标

(1)定量分析植被建设影响下小流域降雨径流的阶段变化及其与降雨类型的关系。
(2)研究植被建设影响下小流域枯落物与土壤对降雨的调蓄能力变化。
(3)发现并揭示植被改变小流域降雨径流调节能力的机制。

### 2.3.2　研究内容

本书通过水文统计分析,室外调查、采样,室内试验及模型模拟等方法对比研究了植被建设影响下小流域降雨径流调节能力的变化,并从枯落物和土壤两个方面对其进行定量归因。

#### 2.3.2.1　植被建设影响下小流域降雨径流调节能力的变化研究

通过时间序列水文、气候等监测数据的统计分析,量化研究流域降雨径流调节能力及特征的历史变化;再通过与对比流域典型降雨过程径流调节能力及特征的对比研究定量说明生态建设影响下流域降雨径流调节能力变化的程度、趋势及其与雨型、雨量等降雨特征的关系。

1.研究流域降雨径流调节能力的变化分析(纵向对比)

在对流域水文、气象数据进行统计分析的基础上,进行降雨分类并确定典型降雨,建立并计算研究流域不同降雨类型与典型降雨情境下降雨径流调节能力指标值(调蓄容量、速率、能力、滞时),通过对其进行纵向对比分析研究生态建设影响下研究流域降雨径流调节能力变化的程度、趋势及其与雨型、雨量等降雨特征的关系。

2.研究流域与对比流域降雨径流调节能力的对比研究(横向对比)

分别测算研究流域与对比流域在同一降雨情境下的降雨径流调节指标值(调控容量、速率、能力、滞时),并进行横向对比,分析生态建设对流域降雨径流调节能力的影响程度、趋势及其与雨型、雨量等降雨特征的关系。

### 2.3.2.2　植被建设影响下小流域枯落物的降雨径流调节能力

调查不同流域、区位、立地条件下的植被种类、盖度、生活力及枯落物厚度等,分别在4月与11月进行枯落物典型采样,对枯落物样品的组成、蓄水过程与容量进行试验、分析;依次计算研究流域杨家沟与对比流域董庄沟枯落物的蓄存量、结构及其最大持水率、持水量,自然持水率、持水量,综合持水率、持水量,拦蓄率、拦蓄量、拦蓄水深、吸水速率等指标;分别从枯落物的构成、蓄积环境与过程、蓄水能力与过程进行流域对比,测算植被建设对小流域枯落物蓄积特征、蓄水特征及其降雨拦蓄特征的影响,以探求流域枯落物的降雨径流调蓄能力及特征,模拟流域枯落物蓄水能力的时间演化,并定量流域枯落物蓄水能力对降雨径流调节能力的贡献。

### 2.3.2.3　植被建设影响下小流域土壤的降雨径流调节能力

通过研究流域与对比流域的对照土壤采样、实验室分析测算两流域土壤容重、孔隙度、有机质含量与机械组成,以空间代时间的方法提取土壤水文理化特征在植被建设中的响应方式及程度。并对照采取两流域典型样地的原状土样,分别测试了饱和导水率与水分特征曲线,通过统计分析与模型模拟比较研究流域与平行流域的土壤透水性、蓄水性等水力学参数。

基于次降雨按照等步长进行雨水、土壤采样并测试两流域相同时点的土壤含水量、雨水与土壤水的氢氧同位素,通过氢氧同位素示踪技术分析雨水下渗深度、速度及其土壤蓄存量,模拟降雨在土壤中的分配方式,并定量土壤蓄水能力对降雨径流调节能力的贡献。

## 2.3.3　技术路线

在分析研究流域与对比流域降雨与径流数据的基础上,根据降雨量、雨强、降雨历时等指标选择研究周期内历年产流具有代表性意义的典型降雨场次(临界降雨、最大降雨、相同降雨),计算其降雨径流调节指标值(调蓄容量、速率、滞时等)并对其进行纵向及横向对比分析。再通过野外监测、采样、室内试验、数学模拟、同位素示踪等技术、方法解析枯落物及土壤蓄水对流域降雨径流调节能力的贡献及其时间演变,发现植被建设驱动枯落物及土壤改变流域降雨径流调节能力的内在机制。具体研究思路及过程见图2-2。

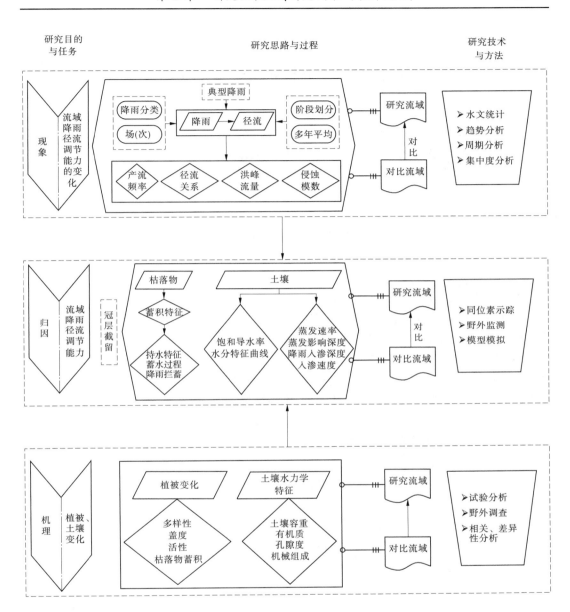

**图 2-2　技术路线**

# 第 3 章　降雨变化分析

对于以降雨作为主要补给源的黄土高原小流域来讲,降雨特征直接影响产汇流,降雨变化是洪水与径流变化的主要驱动力,因此研究植被对小流域降雨径流的影响首先要分析降雨变化并刨除其对径流变化的作用。降雨变化分析主要包括降雨的趋势性、周期性、集中度及集中期分析。

## 3.1　数据来源与分析方法

### 3.1.1　数据来源与处理

由于测站降雨监测数据不连续,为了进行完整时间序列的降雨趋势性与周期性分析,采用国家气象信息中心提供的《中国地面降水月值 0.5°×0.5° 格点数据集(SURF-CLI-CHN-PRE-MON-GRID-0.5)》抽取研究区域格点(37,72)1961—2014 年的降雨数据,并将抽取的第 37 行、72 列的格点数据与研究区域有限年期的降雨监测数据在年、汛期与月水平上通过统计分析方法进行代表性检验,检验结果表明两者平均值、变异系数、偏度、峰度等统计特征值相似度极高,两者年降雨量与汛期降雨量分别进行相关分析的结果(见表 3-1)也表明格点与测站降雨数据具有高度一致性,格点降雨数据替代测站降雨监测数据进行趋势分析与突变点检验的结果具有代表性。

表 3-1　不同来源降雨数据的相关分析

| 测站降雨量 | | 格点年降雨量 | | | 格点汛期降雨量 | | |
|---|---|---|---|---|---|---|---|
| | | Pearson 相关性 | 显著性(双侧) | $N$ | Pearson 相关性 | 显著性(双侧) | $N$ |
| 杨家沟 | 年 | 0.89 | 0 | 37 | | | |
| | 汛期 | | | | 0.91 | 0 | 37 |
| 董庄沟 | 年 | 0.86 | 0 | 37 | | | |
| | 汛期 | | | | 0.88 | 0 | 37 |

### 3.1.2　分析方法

#### 3.1.2.1　趋势与周期性分析

本研究根据国家气象信息中心提供的《中国地面降水月值 0.5°×0.5° 格点数据集(SURF-CLI-CHN-PRE-MON-GRID-0.5)》抽取研究区域格点(37,72)1961—2014 年的降雨数据,通过 Mann-Kendall(M-K)分析法进行降雨趋势分析与突变检验,并采用 Morlet

小波分析降雨时间序列的周期性。

Morlet 小波分析是 20 世纪 80 年代初,由 Morlet 提出的一种具有时-频多分辨功能的小波分析(wavelet analysis),它能揭示时间序列中的变化周期,反映不同时间尺度的变化趋势,为研究时间序列问题提供了新的可能,已广泛应用于非线性科学研究中(王文圣等,2005)。小波分析的基本原理,即通过增加或减小伸缩尺度 $a$ 来得到信号的低频或高频信息,然后分析信号的概貌或细节,实现对信号不同时间尺度和空间局部特征的分析。小波分析的基本过程(Grinsted A et al.,2004)如下所述。

1. 小波函数

小波分析的基本思想是用一簇小波函数系来表示或逼近某一信号或函数。因此,小波函数是小波分析的关键,它是指具有震荡性、能够迅速衰减到零的一类函数,即小波函数 $\psi(t) \in L^2(R)$ 且满足:

$$\int_{-\infty}^{+\infty} \psi(t)\,\mathrm{d}t = 0 \tag{3-1}$$

式中:$\psi(t)$ 为基小波函数。

选择合适的基小波函数是进行小波分析的前提,它可通过尺度的伸缩和时间轴上的平移构成一簇函数系:

$$\psi_{a,b}(t) = |a|^{-1/2}\psi\left(\frac{t-b}{a}\right) \tag{3-2}$$

式中:$\psi_{a,b}(t)$ 为子小波;$a$ 为尺度因子,反映小波的周期长度;$b$ 为平移因子,反映时间上的平移;其中,$a,b \in R, a \neq 0$。

2. 小波变换

若 $\psi_{a,b}(t)$ 是由式(3-2)给出的子小波,对于给定的能量有限信号 $f(t) \in L^2(R)$,其连续小波变换(continue wavelet transform,简写为 CWT)为

$$W_f(a,b) = |a|^{-1/2}\int_R f(t)\overline{\psi}\left(\frac{t-b}{a}\right)\mathrm{d}t \tag{3-3}$$

式中:$W_f(a,b)$ 为小波变换系数;$f(t)$ 为一个信号或平方可积函数;$a$ 为伸缩尺度;$b$ 为平移参数;$\overline{\psi}\left(\dfrac{t-b}{a}\right)$ 为 $\psi\left(\dfrac{t-b}{a}\right)$ 的复共轭函数。

地学中观测到的时间序列数据大多是离散的,设函数 $f(k\Delta t)$,$(k=1,2,\cdots,N;\ \Delta t$ 为取样间隔),则式(3-3)的离散小波变换形式为

$$W_f(a,b) = |a|^{-1/2}\Delta t \sum_{k=1}^{N} f(k\Delta t)\overline{\psi}\left(\frac{k\Delta t - b}{a}\right) \tag{3-4}$$

实际研究中,最主要的就是要由小波变换方程得到小波系数,然后通过这些系数来分析时间序列的时频变化特征。

3. 小波方差

将小波系数的平方值在 $b$ 域上积分,就可得到小波方差,即

$$\mathrm{Var}(a) = \int_{-\infty}^{\infty} |W_f(a,b)|^2\,\mathrm{d}b \tag{3-5}$$

小波方差随尺度 $a$ 的变化过程,称为小波方差图。由式(3-5)可知,它能反映信号波

动的能量随尺度 $a$ 的分布。因此,小波方差图可用来确定信号中不同种尺度扰动的相对强度和存在的主要时间尺度,即主周期。

### 3.1.2.2 集中度与集中期分析

集中度与集中期是反映年水文要素的集中程度和集中时段的标定方法。这种集中度与集中期计算的思路就是把一定时期内的水文要素通过代数化处理为既具有大小又具有方向的矢量,其大小即为水文要素的高低,方向是水文要素发生的时间,这样就很好地表征了水文要素的时域特征。因此,按照这种思路,通过把一定时域均等地划分为若干个时期,可以计算任意时域内水文要素时间分布的集中程度与集中期,本书中汛期降雨集中度与集中期的计算即采用这种方法。研究区域年降雨主要发生于 5—10 月的汛期,而汛期降雨的集中度与集中期对洪水的产生、规模及效用影响巨大。将汛期 6 个月降雨的大小作为各月降雨矢量的模,将入汛后首月 5 月降雨向量的方位角定为 0°,循序按 60° 等差角度依次确定 6—10 月降雨方位角,则汛期降雨水平与垂直方向分量 $P_x$、$P_y$ 分别通过式(3-6)、式(3-7)计算。

$$P_x = \sum_{n=1}^{6} P_n \sin[(n-1) \times 60°] \tag{3-6}$$

$$P_y = \sum_{n=1}^{6} P_n \cos[(n-1) \times 60°] \tag{3-7}$$

其中,$n$ 指的是降雨月份在汛期中的序数,5—10 月每个月依时间先后排序,即 5—10 月序数分别为 1、2、3、4、5、6。汛期降雨向量 $P$ 通过式(3-8)计算:

$$P = \sqrt{P_x^2 + P_y^2} \tag{3-8}$$

集中度($C_d$)和集中期($D$)计算公式如下:

$$C_d = \frac{P}{\sum_{i=1}^{6} p_i \times 100} \% \tag{3-9}$$

$$D = \arctan(P_x / P_y) \tag{3-10}$$

上述集中度指标 $C_d$ 在 0~1 变化,反映了降雨量在汛期内的集中程度。当汛期降雨集中于一个月内时,$C_d$ 等于 1,达到最大值;当汛期降雨平均分配于 5—10 月中的每个月,$C_d$ 等于 0,为最小极限值。$D$ 作为合成向量的方位角,表示最大月降水量出现的月份,反映了汛期降雨量的重心。而集中期可能是 0~60°、60°~120°、120°~180°、180°~240°、240°~300°、300°~360° 中的任一个方位角,分别代表着 5 月、6 月、7 月、8 月、9 月、10 月的降雨。

### 3.1.2.3 数理统计分析

在水文分析的基础上,对各种降雨与径流特征值借助 SPSS19 软件进行均值比较与检验(独立样本、配对样本 T 检验),对降雨、径流相关要素进行聚类、相关与归因分析,以进行降雨径流的分类分析与模型模拟。

## 3.2 降雨趋势分析

根据国家气象信息中心发布的《中国地面降水月值 0.5°×0.5° 格点数据集(SURF-

CLI-CHN-PRE-MON-GRID-0.5)》抽取研究区域格点(37,72)1961—2014 年的月降雨数据,利用 M-K 分析研究区域年、汛期及各月降雨量的变化趋势并进行显著性检验,同时进行突变点检验。

## 3.2.1 　趋势分析

研究区域 1961—2014 年各月及年、汛期降雨量平均值具体见图 3-1。年降雨量平均值为 605.6 mm,1995 年最低,仅 379.4 mm;1964 年最高,达到 875.2 mm,变异系数17.83%。汛期降雨量平均值为 509.7 mm,1997 年最低,仅 324.9 mm;2003 年最高,达到755.1 mm,变异系数 19.95%。

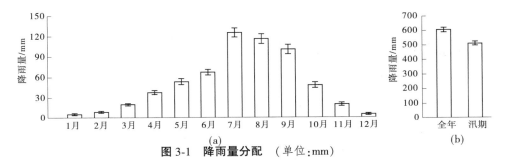

(a)　　　　　　　　　　　　　　　　　(b)

**图 3-1　降雨量分配　(单位:mm)**

降雨趋势 M-K 结果(见表 3-2)表明,杨家沟与董庄沟区域 1961—2014 年年降雨量、汛期降雨量均呈递减趋势;各月降雨量中 12 月降雨没有增加与减少趋势,除 1 月、2 月、6 月、7月降雨量递增外其余均递减。其中,1 月、8 月降雨以小于 1 mm/10 a 的幅度变化,其余月份降雨量变化幅度也在 1~4 mm/10 a,年降雨量以 8.61 mm/10 a 的速度递减,汛期降雨量以5.03 mm/10 a 的速度递减。但年、汛期与各月降雨量变化趋势均不显著($\alpha \geqslant 0.05$)。

**表 3-2　降雨趋势 M-K 检验**

| 数据系列 | 时段 | 系列长度 | $Z$ | $Z_{(1-0.05/2)}$ | $Z_{(1-0.01/2)}$ | 显著性 | $Q$ | 趋势 |
|---|---|---|---|---|---|---|---|---|
| 年 | 1961—2014 年 | 54 | -0.90 | 1.96 | 2.57 | 不显著 | -0.861 | 递减 |
| 汛期(5—10 月) | 1961—2014 年 | 54 | -0.54 | 1.96 | 2.57 | 不显著 | -0.503 | 递减 |
| 1 月 | 1961—2014 年 | 54 | 0.37 | 1.96 | 2.57 | 不显著 | 0.010 | 递增 |
| 2 月 | 1961—2014 年 | 54 | 1.87 | 1.96 | 2.57 | 不显著 | 0.100 | 递增 |
| 3 月 | 1961—2014 年 | 54 | -1.18 | 1.96 | 2.57 | 不显著 | -0.109 | 递减 |
| 4 月 | 1961—2014 年 | 54 | -1.89 | 1.96 | 2.57 | 不显著 | -0.371 | 递减 |
| 5 月 | 1961—2014 年 | 54 | -0.42 | 1.96 | 2.57 | 不显著 | -0.117 | 递减 |
| 6 月 | 1961—2014 年 | 54 | 0.75 | 1.96 | 2.57 | 不显著 | 0.207 | 递增 |
| 7 月 | 1961—2014 年 | 54 | 0.63 | 1.96 | 2.57 | 不显著 | 0.232 | 递增 |
| 8 月 | 1961—2014 年 | 54 | -0.09 | 1.96 | 2.57 | 不显著 | -0.037 | 递减 |
| 9 月 | 1961—2014 年 | 54 | -0.46 | 1.96 | 2.57 | 不显著 | -0.200 | 递减 |
| 10 月 | 1961—2014 年 | 54 | -1.15 | 1.96 | 2.57 | 不显著 | -0.223 | 递减 |
| 11 月 | 1961—2014 年 | 54 | -1.78 | 1.96 | 2.57 | 不显著 | -0.207 | 递减 |
| 12 月 | 1961—2014 年 | 54 | 0.07 | 1.96 | 2.57 | 不显著 | 0 | 不变 |

### 3.2.2　突变点检验

通过 M-K 进行降雨量的突变点检验,由检验结果(见图 3-2、图 3-3)发现,统计量 UF 与 UB 基本上分布于置信水平 $\alpha$ 为 0.05 的信度线内,虽然大多数月份两者曲线在信度线内有多次复杂交叉,但仅能说明各月份降雨量在不同年份的有限范围内的高低转折,而不能表明显著的趋势性变化。因此,根据 M-K 突变点检验结果可以判断研究区年、汛期与各月降雨量没有显著的突变现象。

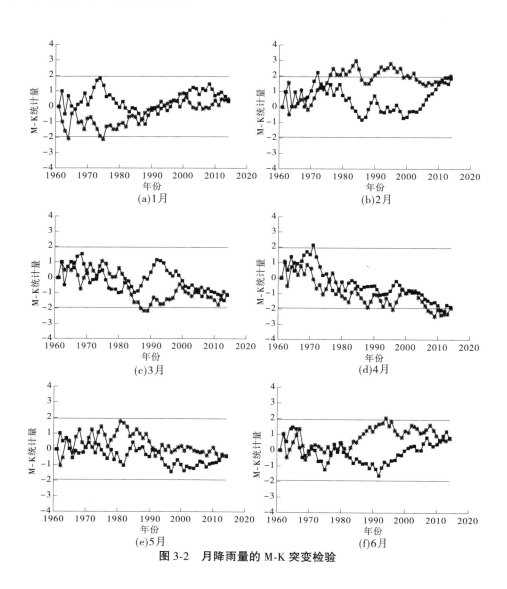

图 3-2　月降雨量的 M-K 突变检验

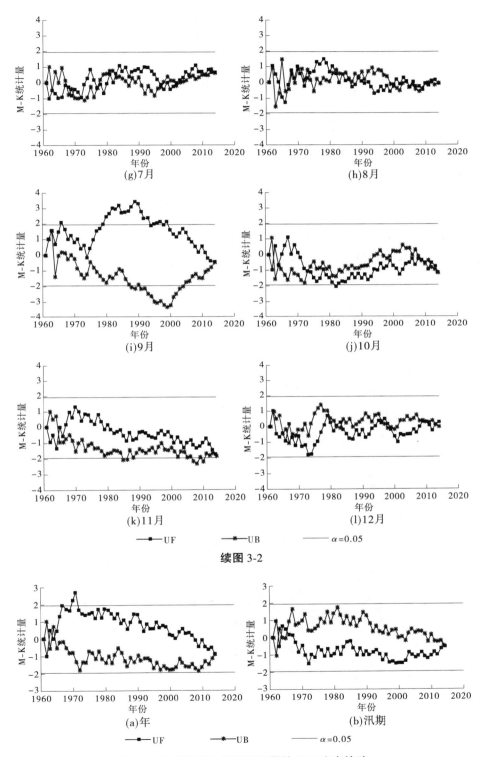

(g)7月　　　　　　　　　　　　(h)8月

(i)9月　　　　　　　　　　　　(j)10月

(k)11月　　　　　　　　　　　　(l)12月

■——UF　　　＊——UB　　　——α=0.05

续图 3-2

(a)年　　　　　　　　　　　　(b)汛期

■——UF　　　＊——UB　　　——α=0.05

图 3-3　年降雨量与汛期降雨量的 M-K 突变检验

## 3.3　降雨周期分析

构造 Morlet 基小波函数,借助 MATLAB6.5、Suffer8.0 及 Excel 软件依次计算研究区域所在格网 1961—2014 年降雨量的小波系数与复小波系数实部,绘制小波系数实部等值线图、小波系数模等值线图和模方等值线图、小波方差图与主周期趋势图,分析降水量变化周期。

### 3.3.1　小波系数实部等值线图

小波系数实部等值线图能反映降水量在不同时间尺度的周期性变化以及周期的时域分布,从而进一步判断降水量的未来变化趋势。通过年降雨量的小波系数实部等值线图(见图 3-4)发现,研究区域所在格网年降雨量 1961—2014 年的演化过程中存在有 25~32年、10~15 年的周期变化规律,28~32 年的变化周期贯穿全时域,循环出现了 4 个降雨量偏多中心(1962 年、1980 年、2002 年、2014 年)和 3 个偏少中心(1971 年、1988 年、2007年),形成降雨量高、低交替的 3 次震荡;10~15 年变化周期仅在 1961—1993 年表现稳定,这期间有 4 次高低交替的震荡。通过汛期降雨量的小波系数实部等值线图(见图 3-5)发现,汛期降雨量在 1961—2014 年时域范围内表现出同样的两个时间尺度的周期变化规律,25~32 年的变化周期贯穿全时域,循环出现了 4 个降雨量偏多中心(1962 年、1972 年、1997 年、2014 年)和 3 个偏少中心(1970 年、1987 年、2006 年),形成降雨量高、低交替的 3次震荡;10~15 年变化周期时频局部特征明显,仅在 1961—1995 年表现稳定。

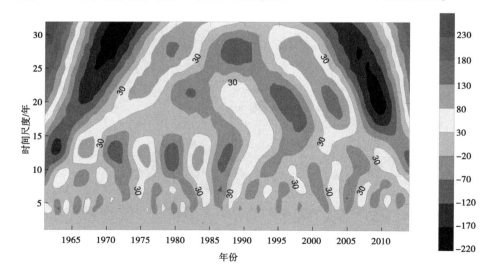

图 3-4　年降雨量小波系数实部等值线图

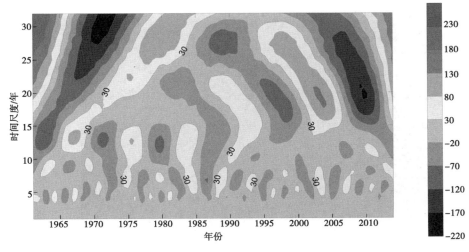

图 3-5    汛期降雨量小波系数实部等值线图

## 3.3.2    小波系数模等值线图

Morlet 小波系数的模值反映了变化周期及其能量密度在时域中的具体分布,某一尺度在相应时段的小波系数的模值与其周期性呈正相关,模值愈高,周期性愈强。由图 3-6、图 3-7 发现,研究时间序列中,对于年降雨量来说,25~32 年时间尺度的模值最大,高达 220,但 1975—2005 年间 20~32 年的周期性变化不明显,模值下降到 100 以下,2005年之后 20~32 年时间尺度的周期变化再次显著起来,模值增大到 160 以上;而汛期降雨量 1975 年前 29~32 年的变化周期性最强(小波系数的模值大于 200),2005 年后 20 年左右的周期性变化较明显(小波系数的模值大于 160)。

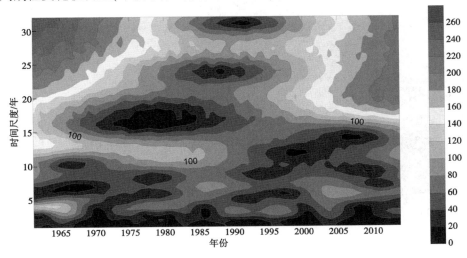

图 3-6    年降雨量小波系数模等值线图

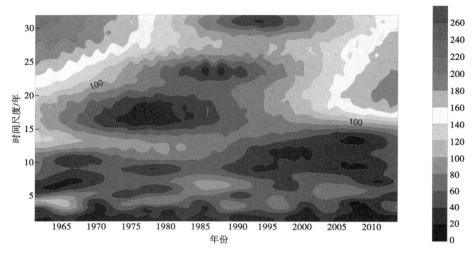

图 3-7　汛期降雨量小波系数模等值线图

### 3.3.3　小波系数模方等值线图

根据小波系数的模方等值线图(见图 3-8、图 3-9),分别分析年降雨与汛期降雨各时间尺度即各周期的显著性。结果可知,年降雨量与汛期降雨量 25~32 年时间尺度的周期性最显著,但这种能量强烈的周期变化仅表现在 1970 年之前;5~10 年时间尺度能量虽然较弱,但周期分布相对明显,且整个时间序列(1961—2014 年)均持续分布。

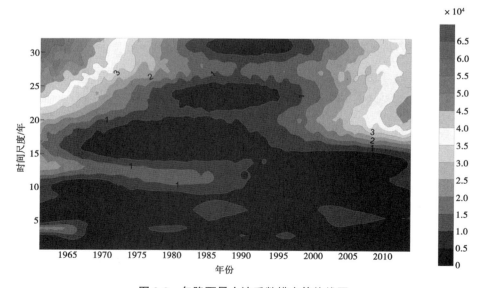

图 3-8　年降雨量小波系数模方等值线图

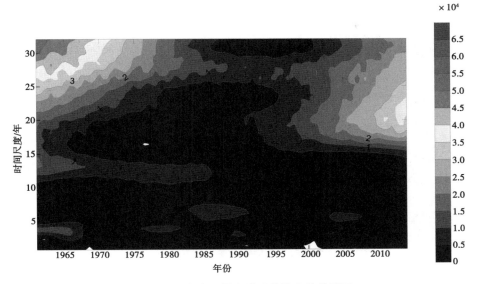

**图 3-9　汛期降雨量小波系数模方等值线图**

## 3.3.4　小波方差图

　　年降雨小波方差图中(见图 3-10)先后出现 4 个明显的峰值,分别对应着 4 年、13 年、22 年和 28 年的时间尺度,这 4 个周期的波动控制着年降水量时域内的变化特征。其中,28 年时间尺度的峰值最高、22 年其次,也就是说 28 年左右的周期震荡最强、22 年次之,因此,年降水量变化的第一、第二主周期分别是 28 年、22 年左右。汛期降雨量小波方差图(见图 3-11)与年降雨量小波方差图极为相似,依旧出现了分别对应着 4 年、13 年、22 年和 28 年时间尺度峰值,因此汛期降雨量变化的第一、第二主周期仍然分别是 28 年、22 年左右。

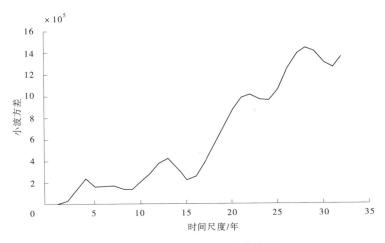

**图 3-10　年降雨量小波方差图**

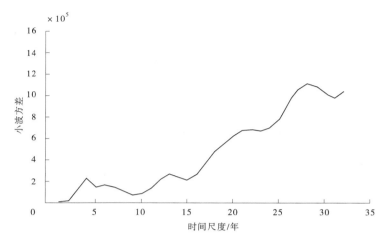

图 3-11　汛期降雨量小波方差图

## 3.3.5　主周期趋势图

　　分别绘制年降雨量与汛期降雨量时域变化的第一(28 年)和第二主周期(22 年)小波系数图(见图 3-12、图 3-13)。通过图 3-12 可以看出,在 28 年的特征时间尺度上,年降雨量变化的平均周期为 18 年左右,研究时域内年降雨量大约经历了 3 个丰–枯转换期;而在 22 年特征时间尺度上,平均变化周期为 13 年左右,时域范围内约有 4 个周期的丰–枯变化。而通过图 3-13 发现汛期降雨量在 28 年、22 年的特征时间尺度上,降雨量变化的平均周期分别为 19 年、14 年左右,时域范围内经历的丰—枯转换期与年降雨量基本一致。

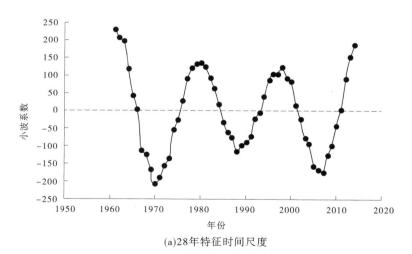

(a)28年特征时间尺度

图 3-12　年降雨量主周期趋势图

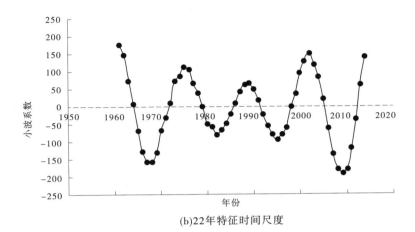

(b)22年特征时间尺度

续图 3-12

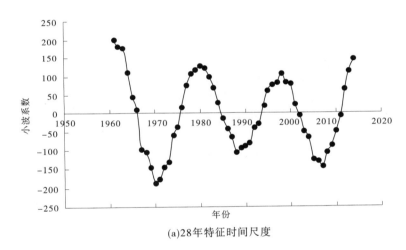

(a)28年特征时间尺度

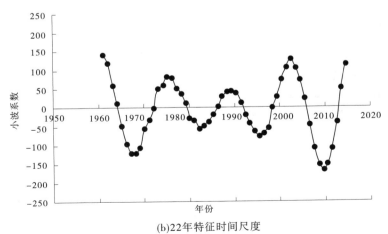

(b)22年特征时间尺度

**图 3-13　汛期降雨量主周期趋势图**

# 3.4　降雨集中度与集中期分析

## 3.4.1　汛期降雨集中度与集中期的年际变化

研究区域汛期降雨集中度的变化波动较大(见图 3-14),多年平均值 0.288 2,集中度最大的年份为 1981 年(0.552 9),最低年份为 1983 年(0.059 9),变幅达 0.493,均方差为 0.116 8。各阶段汛期降雨集中度相比,20 世纪 60 年代最低,仅有 0.264 4,进入 21 世纪后,2001—2014 年的 14 年平均集中度为 0.306 6,各阶段最高。汛期降雨集中期(见图 3-15)主要分布在 8 月与 9 月,其中 54 年研究年期中 9 月集中期有 32 年,占 59.26%;8月集中期有 16 年,占 29.63%;整个研究期内,后期汛期降雨集中期有微弱延滞。

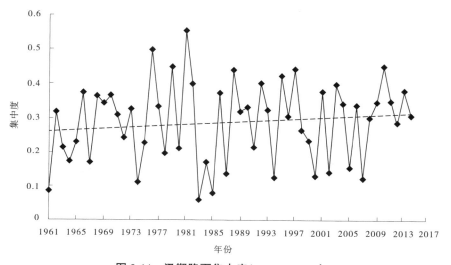

图 3-14　汛期降雨集中度(1961—2014 年)

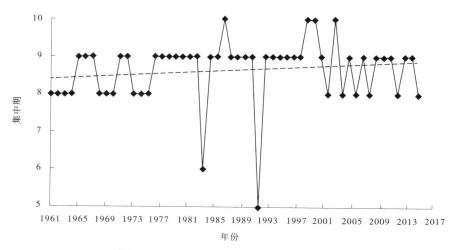

图 3-15　汛期降雨集中期(1961—2014 年)

### 3.4.2 汛期降雨集中度与集中期的趋势变化

通过 M-K 方法对 1961—2014 年研究区域汛期降雨量的集中度与集中期进行趋势性分析;汛期降雨量的集中度呈微弱增加趋势,变化倾向率极小,以小于 0.01 mm/10 a 的速度上升;集中期同样处于微弱上升趋势中,每 10 年集中期会延后 0.005 d;两者变化趋势均不显著($\alpha \geq 0.05$)。

## 3.5 测站降雨特征变化分析

根据杨家沟、董庄沟建站以来所有的降雨数据,两流域有限年段年、汛期降雨量与降雨天数见图 3-16。作为治理流域的杨家沟测站降雨数据相对较完备,1954—1963 年、1981—2014 年汛期降雨量与降雨天数都有监测数据,但 1990 年后年降雨才有较为详细的监测报告;作为对比流域的董庄沟测站降雨监测时段与内容不完整,1954—1963 年、1981—2003 年仅有汛期降雨量数据,无降雨天数及年降雨量数据,2004—2014 年各项降雨数据才完备。

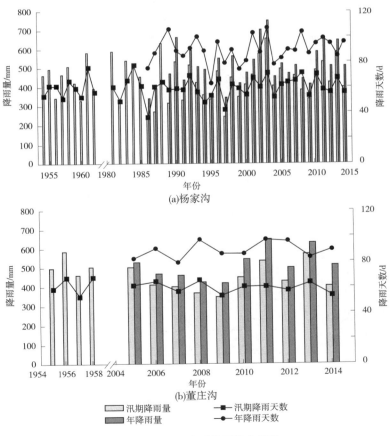

图 3-16 不同流域降雨的年变化

　　为研究年期对比的需要,根据对降雨的 Morlet 小波周期性分析结果及数据年限的均衡性,将整个数据年期划分为 4 个阶段;1954—1963 年作为植被建设实施后的初期阶段,此阶段杨家沟生态建设的水文效应初显,而刚刚实施封禁的董庄沟的水文环境尚未有明显改变,可以作为杨家沟水文效应变化的基本对照;其后生态治理的效用逐渐显现,依次将 1981—1992 年、1993—2004 年、2005—2014 年划分为第二、三、四阶段。本书中降雨与径流时间变化研究的全过程均采用以上阶段划分方法。

　　对两流域已获取的有限年期的降雨数据进行分析,发现第一阶段杨家沟年降雨量平均值 558.7 mm,汛期降雨量平均值 460.7 mm;董庄沟则分别为 561.9 mm、463.3 mm;杨家沟汛期降雨天数 59.2 d,董庄沟仅有 5 年数据,汛期年平均降雨天数 55.2 d;因此前者汛期雨日平均降雨 7.8 mm/d,后者为 8.4 mm/d,由于董庄沟统计年期仅有 5 年(仅有 5 年的汛期降雨雨日数据),很可能是两流域统计年限的差异导致雨日平均降雨量的差距,因此此阶段汛期雨日平均降雨量无法作为两者汛期降雨强度有异的依据。第二阶段,杨家沟年降雨量与汛期降雨量平均值分别为 528.9 mm、440.1 mm,董庄沟则分别为 518.2 mm、441.2 mm;杨家沟汛期降雨天数 59.7 d,董庄沟没有汛期降雨天数数据,因此仅知杨家沟汛期雨日平均降雨 7.4 mm/d。第三阶段杨家沟年降雨量、汛期降雨量平均值分别为 512.8 mm、430.1 mm;董庄沟则分别为 517.8 mm、436.0 mm;杨家沟汛期降雨天数 57.5 d,雨日平均降雨 7.5 mm/d;第四阶段杨家沟与董庄沟年、汛期降雨平均值分别为 527.1 mm、451.9 mm,512.3 mm、440.8 mm;两者汛期降雨天数分别为 62.2 d、59.2 d,雨日平均降雨分别为 7.3 mm/d、7.7 mm/d。分别对两流域年降雨、汛期降雨、降雨天数等数据进行配对样本 T 检验,检验结果(见表 3-3)表明两流域降雨量、天数、强度呈极显著相关,没有显著差异($P \geqslant 0.01$),说明两流域降雨是一致的。分别对杨家沟、董庄沟第二、三、四阶段的汛期降雨量与第一阶段进行独立样本 T 检验,结果表明两流域 1981—2014 年的汛期降雨量与初始阶段相比没有显著差异($P \leqslant 0.05$),说明研究期内汛期降雨量没有显著变化,在降雨径流变化研究中可以认为没有汛期降雨量变化引起的径流量改变。

表 3-3　降雨数据检验结果

| 检验对 | | 相关性检验 | | | 成对样本 T 检验 | |
|---|---|---|---|---|---|---|
| 杨家沟 | 董庄沟 | $N$ | 相关系数 | Sig. | $df$ | Sig.（双侧） |
| 年降雨量 | | 44 | 0.971 | 0 | 43 | 0.996 |
| 汛期降雨量 | | 44 | 0.971 | 0 | 43 | 0.299 |
| 汛期降雨天数 | | 16 | 0.667 | 0.005 | 15 | 0.099 |
| 汛期日降雨量 | | 16 | 0.693 | 0.003 | 15 | 0.234 |

# 3.6　小　结

　　(1)通过 M-K 趋势分析与突变点检验,发现研究区域 1961—2014 年年降雨量与汛期降雨量变化趋势均不显著($\alpha \geqslant 0.05$),没有显著的突变现象。说明研究区域汛期降雨量变化不足以改变降雨径流量。

（2）构造 Morlet 基小波函数、借助 MATLAB6.5、Suffer8.0 及 Excel 软件依次计算研究区域所在格网 1961—2014 年降雨量的小波系数与复小波系数实部,绘制小波系数实部等值线图、小波系数模等值线图和模方等值线图、小波方差图与主周期趋势图,发现时域范围内研究区域年与汛期降雨量变化的第一、第二主周期分别是 28 年、22 年左右,相对应降雨量变化的平均周期分别为 18 年、13 年左右,在 3~4 个丰−枯转换期中先后出现 4 个降雨量偏多中心（1962 年、1972 年、1997 年、2014 年）和 3 个偏少中心（1970 年、1987 年、2006 年）。

（3）汛期降水集中期主要分布在 8 月与 9 月;整个研究期内,研究区域汛期降雨量的集中度与集中期变化趋势均不显著（$\alpha \geqslant 0.05$）。

# 第4章 植被建设影响下小流域降雨径流变化分析

　　河川径流作为重要的水资源构成,影响着流域经济社会的稳定、发展,而作为水循环中人类干预历史最悠久,影响最频繁、剧烈的环节,其时空变化往往也更显著。径流变化不仅改变山川地貌、生物矿产等自然地理要素,同时将深远影响人文、经济格局等经济地理要素。因此,河川径流变化中的人类活动影响一直是当前及今后水文研究中的重要组成部分。

　　自开展生态建设以来,黄河流域水沙情势产生了巨大的变化(胡春宏,2018),生态建设带来的一系列水文变化特别是径流变化作为重要的环境效应,引起了广泛关注。黄河流域水沙情势的变化是域内众多中、小流域水文变化的综合结果与反映,探求小流域降雨径流变化的过程、结果与机制是预测黄河水文情势,实现黄河流域"生态保护与高质量发展"的基础工作。

## 4.1 数据来源与分析方法

　　降雨、径流监测及数据的横向、纵向对比是判断小流域降雨径流变化的基础手段,监测数据的可得性、准确性及分析方法的适应性是分析结果可靠性的决定因素。本书利用杨家沟、董庄沟沟口站的实测降雨与洪水资料,以两小流域为对象,对比研究两者60年来洪水的年际变化特征、洪水对降雨响应的变化趋势,进而揭示人工林影响下小流域降雨径流的变化。

### 4.1.1 数据来源与处理

#### 4.1.1.1 数据来源

　　1954年,杨家沟与董庄沟作为两条相邻小流域被黄河水利委员会西峰水土保持科学试验站(简称西峰站)设置对比,在沟口布设降雨与径流监测设施。自1954年建立测站以来,两流域持续监测了各流域降雨、洪水数据。1964年停测,杨家沟测站于1981年复测,董庄沟于2005年复测。过程中,观测设施不断更换、完善,观测项目不断增加。两流域出口通过建在基岩上的"V"形槽量水堰测定流量,每1~5 min测定一次洪峰流量。两测站有测年份主要观测汛期(5—10月)降雨、径流数据,而其余月份大部分年份没有观测资料。由于流域仅暴雨期间产流,因此取次暴雨过程中的最大流量作为洪峰流量,累计各次暴雨的径流量作为年径流量。本研究所使用1954—1963年降雨与洪水数据来源于黄河中游水土保持委员会1966年10月刊印的《1954—1963年黄河中游水土保持径流测验资料》及西峰站汇编数据。杨家沟1981—2014年、董庄沟2005—2014年资料来自于西峰站南小河沟的监测成果数据。

#### 4.1.1.2　数据处理

根据杨家沟与董庄沟沟口雨量站逐日降水量表,汇总计算两小流域历年来的汛期降雨量;根据两雨量站降水量摘录表与逐次洪水降水量观测成果表选择历年典型次降雨并计算其降雨特征;根据杨家沟与董庄沟沟口流量站洪水水文要素表汇总计算两站历年沟口径流量;根据两沟口逐次洪水测验成果表选择历年典型洪水过程并计算其径流特征。以上数据互相检验、修正,对降雨、径流数据系列的水文资料的可靠性、一致性、代表性进行审查。

### 4.1.2　分析方法

鉴于杨家沟与董庄沟位置相邻,黄土层深厚,气温等气候蒸发环境完全相似,小流域沟口径流以降雨形成的时歇性地表洪水为主,因此产汇流过程中短暂时间内的蒸发损失相对于降雨量与径流量来讲极微小,为使研究更简明扼要,两流域径流变化的对比分析中忽略微弱的蒸发影响。对降雨、径流变化采用的分析方法依次如下。

#### 4.1.2.1　水文变化分析

在降雨研究的基础上,统计分析杨家沟、董庄沟年际与汛期的洪水变化。在降雨分类的基础上绘制典型降雨–洪水场(次)的降雨与径流过程线,对场(次)洪水进行时间与径流的标准化处理后进行分类统计与时段对比。

#### 4.1.2.2　数理统计分析

在水文分析的基础上,对各种降雨与径流特征值借助 SPSS19 软件进行均值比较与检验(独立样本、配对样本 T 检验),对降雨、径流相关要素进行聚类、相关与归因分析,以进行降雨径流的分类分析与模型模拟。

# 4.2　年降雨与汛期降雨径流变化研究

在梳理研究时段汛期降雨变化的同时,根据能够获得的杨家沟与董庄沟测站的水文数据,分析了两者汛期沟口洪水的频率、流量、侵蚀量变化。

## 4.2.1　洪水频率变化

杨家沟 4 个阶段年与汛期平均洪水频率分别为 9.9 次/年、8.7 次/年,7.67 次/年、7.67 次/年,7.42 次/年、7.08 次/年,6.80 次/年、6.60 次/年,两者均处于不断下降的趋势中;由第一阶段到第四阶段,年洪水次数减少了 31.31%,汛期洪水次数减少了 24.14%。董庄沟仅有第一、四阶段的径流监测数据,两阶段年平均洪水频率与汛期平均洪水频率分别依次为 13.9 次/年、13 次/年与 7.4 次/年、7.2 次/年,第四阶段与初期阶段相比年与汛期降雨频率分别减少了 46.76% 与 44.62%。

将已知数据中杨家沟与董庄沟沟口测站监测到的年和汛期洪水场次点绘于图 4-1 中,并对两流域年洪水频率进行线性模拟。结果显示,在董庄沟有限年期的洪水监测数据中,年与汛期的洪水场次始终高于杨家沟;两流域大多数年份年洪水场次与汛期洪水场次相等,极少数年份的非汛期仍有产流。两者的年洪水场次趋势线均呈不断下探状,表示随生态治理时间的增加,年洪水频率与汛期洪水频率不断减小,且董庄沟减少的速度高于杨家沟,末期两者年洪水频率基本相等。将杨家沟与董庄沟汛期洪水场次进行配对样本 T 检验,检验结果表明两者呈极显著相关(相关系数 0.768,Sig=0.000),具有显著差异(Sig=0.007);但对有数据年段进行分阶段配对样本 T 检验的结果表明,对照阶段两者差异显著(Sig=0.005),2005—2014 年段两者无显著差异(Sig=0.475)。这说明生态治理初期,水文效应的差异性导致两流域洪水频次产生显著差异性,而随着生态治理年限的延长,不同治理方式影响下两流域长期的水文效应累加使洪水频率逐渐趋同。

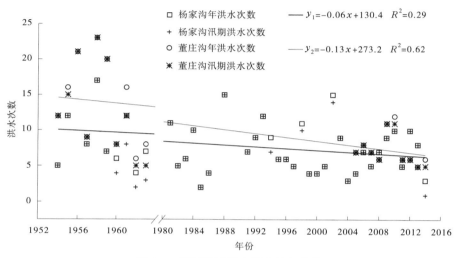

图 4-1　不同流域洪水频率的年变化

## 4.2.2　径流量变化

为对比研究的需要,将径流量换算为径流深,通过这种标准化处理方法能够去除面积因素对径流量的影响且便于其与降雨量进行对比,直观反映流域降雨径流关系。

根据沟口测站径流监测资料,杨家沟测站各阶段汛期径流量占年径流量的比例分别为 79.64%、99.86%、98.73%、85.6%,董庄沟第一、第四阶段汛期径流量占年径流量的93.80%与 83.81%。虽然汛期径流量占年径流量的比例高低起伏,但两流域每年汛期径流量都占年径流量的 80%以上,是流域径流的主体。

对历年径流深的统计结果见图 4-2、图 4-3。第一阶段杨家沟年与汛期径流深平均值分别为 6.1 mm、4.86 mm,董庄沟分别为 14.8 mm、13.88 mm;其后第二、三、四阶段杨家沟两统计值依次为 9.69 mm、9.68 mm,10.88 mm、10.74 mm,32.28 mm、27.63 mm;董庄沟第四阶段年与汛期径流深平均值分别为 57.24 mm、47.97 mm。杨家沟第二、三、四阶段年与汛期径流深平均值与第一阶段相比,差异均不显著($P \leqslant 0.05$),董庄沟第四阶段与对照阶段多年平均值相比汛期径流深差异显著,而年径流深没有显著差异($P \leqslant 0.05$)。杨家沟后期阶段年与次径流深的变化范围与变异系数都大幅度增大,是径流深平均值明显提高但各阶段相比却无显著性差异的原因,即个别年份、个别次径流的极端现象造成多年径流深平均值的增加。对杨家沟与董庄沟年与汛期径流深分别进行配对样本 T 检验,结果表明第一阶段两流域年与汛期径流深差异均显著,第四阶段差异均不显著。

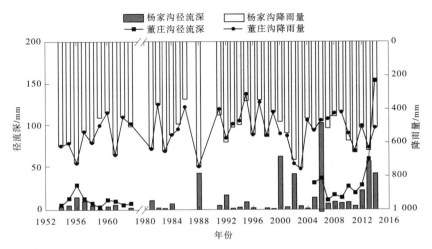

图 4-2　不同流域降雨–径流的年变化

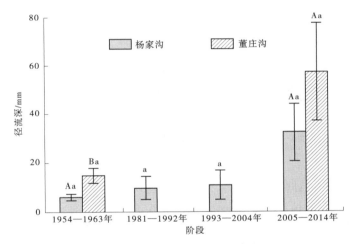

注:图中不同大写字母表示不同流域之间差异显著,不同小写字母表示同一流域不同阶段差异显著(P<0.05),下同。

图 4-3　不同流域多年平均径流深的阶段变化

## 4.2.3　侵蚀量变化

两流域研究汛期内侵蚀量变化见图 4-4。杨家沟 4 个阶段年侵蚀量平均值分别为 994 t、2 520 t、1 316.62 t、2 968.65 t,汛期侵蚀量平均值分别为 993.98 t、2 520 t、1 294.79 t、2 968.65 t;董庄沟对照阶段年与汛期侵蚀量分别为 4 492.13 t 与 4 485.91 t,第四阶段汛期与年侵蚀量均为 6 427.78 t,非汛期无侵蚀。两流域汛期侵蚀量占年侵蚀量的 99% 以上,因此与径流量一致,汛期侵蚀是两流域降雨侵蚀的主体。与第一阶段相比,杨家沟第二、三、四阶段年平均汛期侵蚀量分别增加了 153.53%、30.26%、198.66%,各阶段与第一阶段均无显著差异(P≤0.05);董庄沟第四阶段是第一阶段的 1.43 倍,两阶段同样没有显著差异($P \leq 0.05$)。与降雨产流相同,个别次降雨、径流造成极端侵蚀现象导致与人工林治理初期相比后期阶段多年平均侵蚀量增加但不显著。

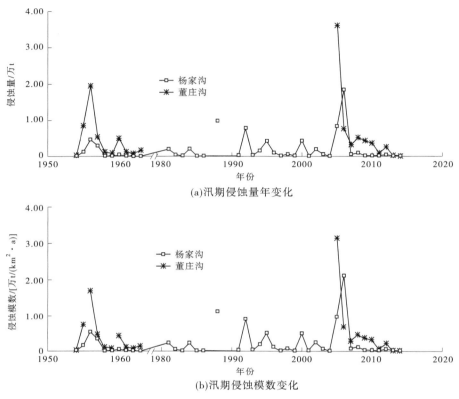

(a)汛期侵蚀量年变化

(b)汛期侵蚀模数变化

**图 4-4  不同流域土壤侵蚀的年变化**

为对比两流域的侵蚀强度,通过年侵蚀量计算两者侵蚀模数。杨家沟第一、二、三、四阶段侵蚀模数分别为 1 142.53 t/(km² · a)、2 896.55 t/(km² · a)、1 513.36 t/(km² · a)与 3 412.24 t/(km² · a),董庄沟第一、四阶段侵蚀模数分别为 3 906.2 t/(km² · a)与 5 589.37 t/(km² · a),第一阶段前者仅是后者的 29.25%,第四阶段前者增至后者的 61.05%。配对样本 T 检验结果表明,两流域第一阶段侵蚀模数差异显著,而第四阶段差异不显著($P \leq 0.05$)。

两流域第二、四阶段极端侵蚀现象频发,如杨家沟 1981 年、1984 年、1988 年、1992 年、2005 年、2006 年土壤侵蚀量分别达到 2 028 t、2 006 t、9 817 t、7 852 t、8 410 t、18 374.44 t,董庄沟 2005 年、2006 年分别达到 36 108.94 t、7 751.34 t;综上,杨家沟第二阶段 4 个峰值年份侵蚀量占阶段总量的 95.6%,第四阶段两个峰值年份的土壤侵蚀量占阶段总量的 90.22%,董庄沟第四阶段两个峰值年份土壤侵蚀量占阶段总量的 68.24%。2006 年杨家沟土壤侵蚀模数 21 120.05 t/(km² · a),是研究期内侵蚀最严重的一年;2005 年董庄沟土壤侵蚀模数 31 399.08 t/(km² · a),研究期内最高。

## 4.2.4　降雨径流关系的变化

降雨径流关系是植被、土壤环境的综合反映,它的变化能概括性地反映生态治理的水文效果。径流系数是表征降雨径流关系的最重要指标,根据数据的可得性及研究目的,本研究通过计算汛期径流系数并分析其变化来研究降雨径流关系的变化。

两流域汛期径流系数的年变化具体见图 4-5。图 4-5 中 21 世纪初期径流系数出现多次极值,如:杨家沟 2000 年、2006 年、2014 年汛期径流系数依次高达 15.34%、24.92%、10.76%,董庄沟 2006 年、2013 年、2014 年依次高达 12.17%、14.01%、36.92%。杨家沟由前至后各阶段多年汛期径流系数的平均值依次为 1%、1.58%、2.46%、5.07%,处于不断上升趋势,第四阶段的多年平均汛期径流系数显著高于第一阶段($P \leqslant 0.05$)。董庄沟第一、四阶段的多年平均汛期径流系数分别为 2.93% 与 10.93%,后者显著高于前者($P \leqslant 0.05$)。对两流域第一、四阶段多年平均汛期径流系数进行配对样本 T 检验,结果表明:第一阶段,杨家沟显著低于董庄沟;第四阶段虽然前者仍然小于后者,但二者差异不显著($P \leqslant 0.05$)。

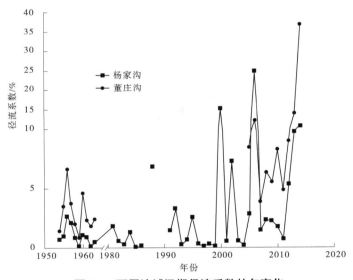

**图 4-5　不同流域汛期径流系数的年变化**

# 4.3　基于次降雨–洪水的降雨径流变化研究

## 4.3.1　次降雨–洪水特征

将杨家沟与董庄沟研究年限内所有有观测记录的次降雨(洪水)的降雨量与洪水深标绘于时间图上,次降雨–洪水的三维分布(见图 4-6)能更直观地表现降雨与径流的时间变化。由图 4-6 可知,第一阶段,产流降雨在降雨轴的底部($\leqslant 30$ mm)聚集较多,而相应的径流轴的底部聚集较多的低等级径流($\leqslant 5$ mm),这一方面说明 1954—1963 年间低量级降雨多发、极端降雨较少;另一方面表明两流域产流较为频繁,一些低量级降水就能引发洪水过程;

而随时间轴向下,产流降雨在降雨轴上的分布逐渐远离底部,在径流轴上的分布同样逐渐远离底部,出现愈来愈多的高量级洪水过程,这说明流域蓄存降雨的库容在提高,但极端降雨的频次增加带来了较多的高量级洪水过程。第一、四阶段在同一时间、降雨水平上董庄沟在径流维度上大多上浮于杨家沟之上,但在极端降雨场(次)中出现两者重合甚至杨家沟上浮于董庄沟,这在一定程度上说明治理流域对降雨径流的调蓄能力具有阈值,当降雨量超过其调蓄阈值后其相较于未实施人工治理的荒草地小流域的调蓄优势就不存在了。

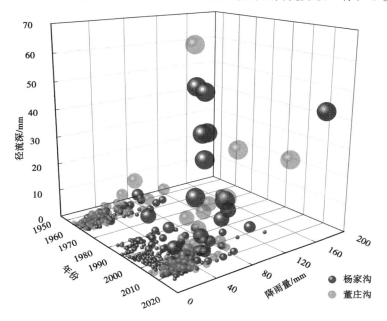

图 4-6　不同流域降雨径流的年变化

## 4.3.2　次降雨-洪水分类

根据洪水深度将历次降雨-洪水场次进行分级,分级标准具体见表 4-1。据此两流域全部 537 场洪水中 I 级 367 场,占所有洪水场次的 68.34%;II 级 129 场,占 24.02%;洪水深度大于 5 mm 的仅有 41 场。其中,1954—1963 年的第一阶段,杨家沟仅有发生在 7 月的"Y195606"次洪水深度 5.23 mm,属于 III 级,董庄沟有 5 场洪水分属于 III、IV 级;而第二、三、四阶段杨家沟分别有 3 场、3 场、13 场洪水深度超过 5 mm,董庄沟第二、三阶段没有监测数据,但第四阶段发生了 16 场深度 5 mm 以上的洪水。综上所述,基于次降雨-洪水的时间分布来看,虽然产流频次随时间不断下降,但高级别的洪水频次在不断增加。

表 4-1　洪水深度分级标准　　　　　　　　　　　　　　　单位:mm

| 降雨-洪水量级 | 洪水深度 $R_m$ |
| --- | --- |
| I | $R_m \leqslant 1$ |
| II | $1 < R_m \leqslant 5$ |
| III | $5 < R_m \leqslant 10$ |

续表 4-1

| 降雨–洪水量级 | 洪水深度 $R_m$ |
|:---:|:---:|
| Ⅳ | $10 < R_m \leqslant 20$ |
| Ⅴ | $R_m > 20$ |

　　洪水深度大于 5 mm 的降雨径流虽然场次少,却是杨家沟与董庄沟径流、泥沙的主要来源。杨家沟第一阶段大于 5 mm 的洪水仅有 1 场,其洪水深度 5.23 mm,是第一阶段所有洪水场次径流量的 8.58%,带来的泥沙损失 2 810 t,占此阶段所有土壤侵蚀量的 28.27%;其后第二、三、四阶段大于 5 mm 洪水的累计径流深分别为 55.46 mm、93.99 mm、265.84 mm,依次占各阶段总径流量的 63.59%、72.02%、82.36%,由此导致的单位面积土壤侵蚀量分别为 16 256 t/km²、9 609 t/km²、25 726.52 t/km²,占阶段总侵蚀量的 71.68%、60.83%、86.66%,均呈不断上升趋势。而董庄沟第一阶段大于 5 mm 的洪水有 5 场,累计洪水深度 35 mm,占阶段内累计洪水深度的 31.26%,由此引起的土壤侵蚀量 23 107.1 t,占比 51.45%;第四阶段(2005—2014 年)有 16 场洪水深度超过 5 mm 的洪水,累计径流深度 282.36 mm,占阶段总径流深度的 72.41%,土壤累计侵蚀量 49 417.9 t,占阶段总侵蚀量的 75.64%,相较第一阶段高等级洪水的场次、径流量与侵蚀量的比例都有增加。因此,高等级洪水场次的增加造成研究流域后期阶段与初期阶段相比年平均径流量与土壤侵蚀量的增加。

　　虽然高等次洪水以较少的场次构成各阶段径流与侵蚀量的主体,但其对应降雨量在各阶段的占比却与径流、侵蚀量的占比不一致(见表 4-2)。杨家沟各阶段洪水深度大于 5 mm 的场次所对应降雨累计值依次为 74 mm、252.4 mm、163.4 mm、804.2 mm,占各阶段产洪降雨总量的 3.06%、12.94%、6.44%、36.44%;董庄沟第一、四阶段洪水深度大于 5 mm 的降雨累计值分别为 300.6 mm、798 mm,分别占阶段产洪降雨累计值的 10.38%、35.43%。而分别依序进行两流域各阶段排除降雨强度、历时影响的洪水深度与降雨量的二阶偏相关分析,杨家沟第一、二、三、四阶段偏相关系数依次为 0.646($P = 0.000$)、0.328($P = 0.007$)、0.334($P = 0.001$)、0.358($P = 0.003$),董庄沟第一、四阶段分别为 0.647($P = 0.000$)、0.104($P = 0.386$),两流域后期与前期阶段相比洪水深度与降雨量的相关系数与相关强度均呈现不同程度的下降。两流域研究时限内 537 场洪水中,杨家沟编号为"Y201403"的洪水降雨量最大,高达 182.9 mm,但洪水深度仅 42.84 mm,却不是最高;而编号为"Y200001"的洪水降雨量仅 59.6 mm,但洪水深度却高达 54.48 mm。同样,董庄沟编号为"D201406"的洪水深度 69.87 mm,洪量最大,但引起这场洪水的降雨量只有 28.5 mm;而编号为"D200502"的洪水降雨量高达 163.1 mm,但洪水深度却仅有 25 mm。因此,不同等级的降雨产流、产沙特征不同,往往反映出不同的降雨径流关系,在流域长时间降雨径流序列中如果洪水量级发生变化,由降雨径流关系评价产流环境就失去了客观性。

表 4-2　不同量级降雨–洪水的分布

| 流域 | 阶段 | 洪水等级 | 场/次 | 径流深/mm | 雨量/mm | 单位面积侵蚀量/(t/km²) |
|---|---|---|---|---|---|---|
| 杨家沟 | 1954—1963 年 | I | 77 | 15.89 | 1 503.00 | 1 085.61 |
| | | II | 21 | 39.90 | 838.50 | 7 108.84 |
| | | III | 1 | 5.23 | 74.00 | 3 229.89 |
| | 1981—1992 年 | I | 58 | 13.95 | 1 338.00 | 2 083.91 |
| | | II | 8 | 17.80 | 359.40 | 5 300.00 |
| | | III | 1 | 7.64 | 131.90 | 2 128.74 |
| | | IV | 1 | 12.93 | 22.90 | 7 522.99 |
| | | V | 1 | 34.89 | 97.60 | 9 033.33 |
| | 1993—2004 年 | I | 76 | 12.21 | 1 917.20 | 3 075.86 |
| | | II | 10 | 24.30 | 455.60 | 4 036.78 |
| | | III | 1 | 8.35 | 39.10 | 4 733.33 |
| | | V | 2 | 85.64 | 124.30 | 6 311.49 |
| | 2005—2014 年 | I | 35 | 14.20 | 706.70 | 812.38 |
| | | II | 19 | 42.73 | 696.00 | 3 738.84 |
| | | III | 4 | 30.91 | 224.30 | 409.89 |
| | | IV | 4 | 50.55 | 196.10 | 9 634.39 |
| | | V | 5 | 184.38 | 383.80 | 19 526.44 |
| 董庄沟 | 1954—1963 年 | I | 107 | 16.88 | 1 523.20 | 1 597.41 |
| | | II | 27 | 60.09 | 1 072.00 | 17 366.14 |
| | | III | 4 | 24.06 | 229.80 | 8 093.13 |
| | | IV | 1 | 10.94 | 70.80 | 12 000.00 |
| | 2005—2014 年 | I | 14 | 6.81 | 259.00 | 1 273.11 |
| | | II | 44 | 100.76 | 1 195.20 | 12 568.10 |
| | | III | 8 | 57.66 | 309.30 | 7 185.30 |
| | | IV | 4 | 71.66 | 156.50 | 4 787.72 |
| | | V | 4 | 153.05 | 332.20 | 3 0999.07 |

如果在年尺度上比较流域各阶段的径流量、侵蚀量,由于高等次洪水的频次增加及极端水文现象的非常态作用可能会模糊流域产流能力或降雨径流调节能力的变化,因此以次降雨(洪水)为基准具体比较流域产流能力及环境更真实、科学。

### 4.3.3　基于次降雨-洪水的流域产流降雨变化

对研究期内引起 537 场洪水的降雨分流域、时段进行统计。统计结果(见表 4-3)表明,杨家沟第一、二、三、四阶段产流降雨的平均值分别为 27.76 mm、28.26 mm、28.50 mm、32.94 mm,平均雨强分别为 3.88 mm/h、4.50 mm/h、4.15 mm/h、6.93 mm/h,两者均处于不断上升趋势,末期产流降雨平均值较初期提高了 18.64%,平均雨强提高了 78.57%。董庄沟初期产流降雨雨量与雨强平均值分别为 23.54 mm、3.75 mm/h,末期分别为 30.44 mm、4.63 mm/h,后者较前者分别提高了 29.31%、23.47%,也处于上升趋势。而两流域相比,第一阶段杨家沟出流降雨的平均雨量与雨强分别是董庄沟的 1.18 倍、1.04 倍,末期阶段分别是 1.08 倍、1.50 倍,即同等降雨条件下不同阶段前者产流降雨的平均雨量与雨强都较后者高。综上所述,杨家沟在生态治理的影响下,自 20 世纪 50 年代至今,流域降雨产流的阈值愈来愈高,这反映了其对降雨径流的调蓄能力愈来愈强;董庄沟在封禁自然修复的过程中,流域对降雨径流的调蓄能力也在增强,但弱于杨家沟。

表 4-3　流域产流降雨变化

| 阶段 | 统计值 | 雨量/mm | | 雨强/(mm/h) | |
|---|---|---|---|---|---|
| | | 杨家沟 | 董庄沟 | 杨家沟 | 董庄沟 |
| 1954—1963 年 | 均值 | 27.76 | 23.54 | 3.88 | 3.75 |
| | 中值 | 18.60 | 17.60 | 2.00 | 2.20 |
| 1981—1992 年 | 均值 | 28.26 | | 4.50 | |
| | 中值 | 24.10 | | 2.40 | |
| 1993—2004 年 | 均值 | 28.50 | | 4.15 | |
| | 中值 | 21.90 | | 2.90 | |
| 2005—2014 年 | 均值 | 32.94 | 30.44 | 6.93 | 4.63 |
| | 中值 | 21.50 | 25.85 | 2.40 | 2.22 |

## 4.4　基于降雨类型的径流过程变化研究

### 4.4.1　降雨分类

基于次降雨-洪水研究流域的径流过程变化,必须了解降雨-洪水的影响因素。因此,针对径流深度、径流系数与单位面积土壤侵蚀量 3 个洪水特征指标进行降雨因素的偏相关分析(见表 4-4),根据分析结果选取对洪水特征具有显著影响的降雨因素(降雨量、平均雨强)作为依据,对研究期内两流域降雨信息全备的全部 478 次降雨进行 K-均值聚类与系统聚类分析,结合两种方法聚类分析的结果并考虑雨型在各时间段的均衡分布,将其划分为四类(见图 4-7)。Ⅰ 类降雨研究期内共有 106 场,占 22.17%,为小雨量高强度降雨,降雨历时不超过 8 h,平均雨量 15.79 mm,单次降雨平均雨强 11.01 mm/h,这类降雨引起的洪水洪量小,单次洪水的平均径流深 0.63 mm,洪峰流量持续时间短,平均侵蚀模数 168.7 t/(km² · a)。Ⅱ 类降雨的平均次降雨量 52.47 mm,平均雨强 9.62 mm/h,是大雨量高强度降雨;研究期内共有 39 场,占总场次的 8.16%;产生洪水的平均洪水深 7.57 mm,平均土壤侵蚀模数 1 879.47 t/(km² · a),各类降雨中产流、侵蚀力最强,以研究时段内所有产流降雨量的 15.29% 引起了 28.18% 的径流量与 41.66% 的土壤侵蚀量。Ⅲ 类降雨的平均降雨量 53.02 mm,平均雨强 2.02 mm/h,属大雨量低强度降雨;其产生洪水平均深度 3.79 mm,平均土壤侵蚀模数 598.42 t/(km² · a);这种降雨类型共有 116 场,占所有场次的 24.27%,贡献了研究期内 45.97% 的产流降雨量、41.94% 的洪水与 38.04% 的土壤侵蚀量,是引起洪水与土壤侵蚀的主要降雨类型。Ⅳ 类降雨是小雨量低强度降雨,次降雨平均降雨量 16.18 mm、平均雨强 1.79 mm/h;共有 217 场,占产流降雨总频次的 45.4%,是研究区域降雨产流的主要类型;这种降雨产流少,侵蚀力最弱,次均径流深 1.14 mm、土壤侵蚀模数 81.39 t/(km² · a)。不同降雨类型产流的平均深度、侵蚀模数与洪峰流量由小到大的排序分别依次为:Ⅰ 类、Ⅳ 类、Ⅲ 类、Ⅱ 类降雨;Ⅳ 类、Ⅰ 类、Ⅲ 类、Ⅱ 类降雨;Ⅳ 类、Ⅲ 类、Ⅰ 类、Ⅱ 类降雨。

表 4-4　次降雨-洪水特征的偏相关分析

| 控制变量 | 分析变量 | | 相关系数 | 显著性(双侧) |
|---|---|---|---|---|
| 平均雨强 | 径流深 | 降雨量 | 0.401 | 0.000 |
| 降雨量 | 径流深 | 平均雨强 | 0.095 | 0.038 |
| 平均雨强 | 径流系数 | 降雨量 | 0.125 | 0.006 |
| 降雨量 | 径流系数 | 平均雨强 | 0.045 | 0.322 |
| 平均雨强 | 单位面积侵蚀量 | 降雨量 | 0.419 | 0.000 |
| 降雨量 | 单位面积侵蚀量 | 平均雨强 | 0.117 | 0.012 |

不同类型的产流降雨在不同年期发生的频次不同(见表 4-5)。1954—1963 年间,Ⅰ、Ⅱ、Ⅲ、Ⅳ 类降雨发生的频率分别为 22.35%、7.82%、20.11%、49.72%,Ⅳ 类产流降雨占所有产流降雨场数的近半;1981—1992 年、1993—2004 年、2005—2014 年间,Ⅰ、Ⅱ、Ⅲ、Ⅳ 类降雨发生的频率分别依次为 26.09%、11.59%、20.29%、42.03%,23.60%、7.87%、26.97%、41.56%,19.15%、7.09%、29.79%、43.97%;第二、三、四阶段与第一阶段相比产流、产沙力最弱的Ⅳ 类降雨的发生频率都明显下降,而第二阶段产流能力最强的Ⅰ、Ⅱ 类

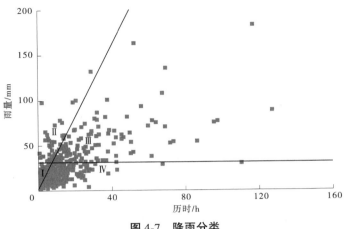

图 4-7　降雨分类

降雨明显增多,第三、四阶段则是径流、土壤侵蚀的主要贡献者的Ⅲ类降雨有了明显提高,也就是说两流域研究时域内随产流降雨频次的不断减少,更多洪水场次是由短历时高强度降雨或长历时低强度降雨引起的。杨家沟与董庄沟相比,第一与第四阶段后者的洪水场数都多于前者,且第一阶段显著较多;各类产流降雨中,后者Ⅳ类降雨发生的频率显著高于前者,作为平行对比流域在相同的降雨环境中,董庄沟短历时、低强度降雨的频率显著较高。

表 4-5　不同降雨类型的时间分布、降雨特征与产流特征

| 时段 | 降雨类型 | 流域 | 场/次 | 平均值 | | | | |
|---|---|---|---|---|---|---|---|---|
| | | | | 雨量/mm | 雨强/(mm/h) | 径流深/mm | 侵蚀模数/[t/(km²·a)] | 洪峰流量/mm |
| 1954—1963 年 | Ⅰ | 杨家沟 | 17 | 15.13 | 9.76 | 0.41 | 148.39 | 0.20 |
| | | 董庄沟 | 23 | 11.23 | 9.09 | 0.46 | 150.21 | 0.42 |
| | Ⅱ | 杨家沟 | 6 | 50.95 | 5.73 | 1.09 | 312.01 | 0.32 |
| | | 董庄沟 | 8 | 50.33 | 8.33 | 3.88 | 1 933.47 | 3.21 |
| | Ⅲ | 杨家沟 | 20 | 52.63 | 1.87 | 1.19 | 338.96 | 0.17 |
| | | 董庄沟 | 16 | 53.64 | 1.48 | 1.50 | 380.53 | 0.16 |
| | Ⅳ | 杨家沟 | 29 | 13.57 | 1.44 | 0.13 | 4.98 | 0.01 |
| | | 董庄沟 | 60 | 15.12 | 1.63 | 0.17 | 38.61 | 0.13 |
| | 小计 | 杨家沟 | 72 | 27.90 | 3.88 | 0.57 | 156.78 | 0.13 |
| | | 董庄沟 | 107 | 22.68 | 3.71 | 0.71 | 243.43 | 0.42 |

续表 4-5

| 时段 | 降雨类型 | 流域 | 场/次 | 平均值 | | | | |
|---|---|---|---|---|---|---|---|---|
| | | | | 雨量/mm | 雨强/(mm/h) | 径流深/mm | 侵蚀模数/[t/(km²·a)] | 洪峰流量/mm |
| 1981—1992 年 | I | 杨家沟 | 18 | 17.07 | 7.94 | 0.48 | 103.38 | 0.23 |
| | II | 杨家沟 | 8 | 62.60 | 10.33 | 6.97 | 1 957.47 | 1.96 |
| | III | 杨家沟 | 14 | 45.18 | 1.96 | 0.38 | 46.39 | 0.08 |
| | IV | 杨家沟 | 29 | 17.56 | 1.99 | 0.60 | 272.37 | 0.22 |
| | 小计 | 杨家沟 | 69 | 28.26 | 4.50 | 1.26 | 377.81 | 0.40 |
| 1993—2004 年 | I | 杨家沟 | 21 | 15.23 | 8.28 | 0.40 | 48.66 | 0.15 |
| | II | 杨家沟 | 7 | 50.23 | 9.71 | 14.68 | 1 719.87 | 1.98 |
| | III | 杨家沟 | 24 | 51.90 | 2.37 | 0.59 | 111.73 | 0.13 |
| | IV | 杨家沟 | 37 | 16.74 | 1.91 | 0.14 | 65.27 | 0.03 |
| | 小计 | 杨家沟 | 89 | 28.50 | 4.15 | 1.47 | 204.02 | 0.24 |
| 2005—2014 年 | I | 杨家沟 | 14 | 17.78 | 19.86 | 0.69 | 96.58 | 0.18 |
| | | 董庄沟 | 13 | 21.68 | 15.16 | 1.69 | 584.46 | 0.98 |
| | II | 杨家沟 | 5 | 52.34 | 17.77 | 13.54 | 3 667.90 | 1.67 |
| | | 董庄沟 | 5 | 44.76 | 6.93 | 6.27 | 1 995.00 | 1.87 |
| | III | 杨家沟 | 21 | 60.66 | 2.16 | 9.14 | 819.64 | 0.24 |
| | | 董庄沟 | 21 | 51.80 | 2.09 | 8.57 | 1 864.97 | 0.38 |
| | IV | 杨家沟 | 27 | 15.64 | 1.93 | 1.98 | 23.72 | 0.07 |
| | | 董庄沟 | 35 | 18.82 | 1.92 | 4.48 | 115.33 | 0.19 |
| | 小计 | 杨家沟 | 67 | 32.94 | 6.93 | 4.82 | 568.70 | 0.27 |
| | | 董庄沟 | 74 | 30.44 | 4.63 | 5.27 | 811.62 | 0.49 |
| 总计 | | | 478 | 27.99 | 4.53 | 2.19 | 371.11 | 0.33 |

## 4.4.2　典型降雨的径流特征值变化

### 4.4.2.1　选择典型降雨–洪水事件并绘制标准化过程图

在 478 场信息完备的降雨–洪水中,选择降雨特征(降雨量、雨强、雨期、前期降雨)相似的典型降雨,通过统一坐标系采用绝对时间等标准化手段绘制降雨与洪水过程图,对比不同流域、阶段的洪水特征,通过滞时、洪峰、径流系数等来研究流域产汇流环境的变化。

基于次降雨–洪水研究流域对降雨径流的调蓄量必须以流域有条件存蓄降雨径流为前提,即降雨强度在流域接收雨水的速度范围内,因此选择没有前期降雨的Ⅲ类、Ⅳ类独立降雨–洪水事件推演流域的蓄满容量较为合适。鉴于此,通过降雨–洪水数据库及《逐日降雨记录表》筛选出Ⅲ类、Ⅳ类独立降雨–洪水事件共 77 场,再分别从测站水文资料中查询各次降雨–洪水事件对应的降雨与水文过程记录,各项记录完备的独立降雨–洪水场次共有 41 场。其中Ⅲ类降雨 13 场、Ⅳ类降雨 28 场,而前者在部分年期、流域内缺乏典型降雨事件支持,因此选择Ⅳ类独立降雨–洪水事件进行典型降雨研究。将每场Ⅳ类降雨–洪水过程中产流的起始点作为流域蓄满产流的临界点,可以将此临界点前流域接收的降雨量作为流域产生净雨的蓄满容量,当然由于降雨事件发生的时间(植被、枯落物、土壤湿度)、降雨时程分布等不同,此种方式计算的蓄满容量有高低变化,但各阶段多场洪水蓄满容量的平均值从理论上来讲能够代表小流域容蓄降雨的阈值。此种类型典型降雨–洪水过程见图 4-8。

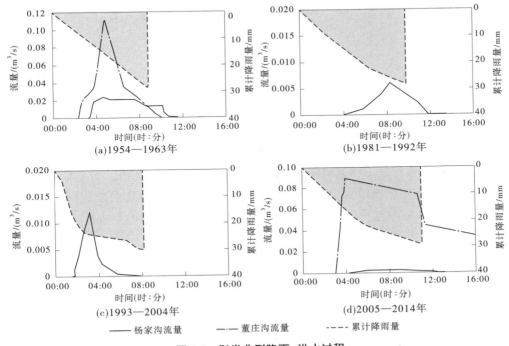

图 4-8　Ⅳ类典型降雨–洪水过程

降雨强度对流域调蓄降雨径流能力的发挥有负面影响。当降雨强度过大时,降雨来不及入渗就汇集、产流,往往较小的雨量就引起洪水,且其净雨比例与土壤侵蚀力都会大幅度增加。对于黄土高原来讲,汛期频发的暴雨带来的超渗产流是多数洪水产生的方式,也是造成土壤侵蚀的主要原因,在这种情况下流域对降雨的调蓄作用受到限制。因此,根据降雨-洪水数据库、"逐日降雨记录表"及测站水文过程监测资料筛选降雨与水文过程记录完备的高强度典型降雨事件 18 场,其中Ⅰ类 12 场、Ⅱ类 6 场,且Ⅱ类主要集中在2005—2014 年,进行典型降雨研究缺乏时间对比性,因此选择 12 场Ⅰ类独立降雨-洪水事件作为典型降雨,绘制标准化的降雨与径流过程线(见图 4-9),通过不同阶段典型降雨-洪水过程的时间与流域对比来分析研究流域杨家沟经植被治理后降雨径流调节能力的变化。

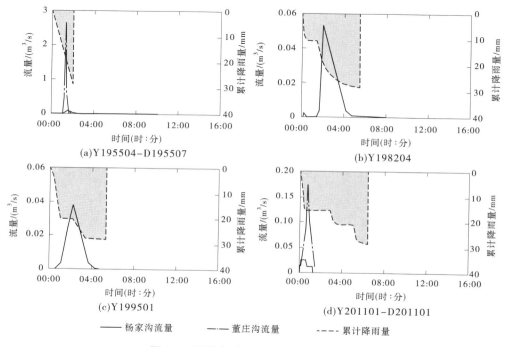

图 4-9　Ⅰ类典型降雨-洪水的标准过程

## 4.4.2.2　生态建设影响下杨家沟降雨径流调节能力的时间变化研究

针对Ⅳ类降雨的洪水过程绘制降雨与洪水过程线,获得杨家沟各阶段降雨蓄满产流的临界容量(见表 4-6)分别为 8.98 mm、13.21 mm、15.27 mm、16.34 mm,处于不断上升趋势,代表着生态治理后小流域降雨调蓄能力不断增强。随生态治理效用日益显现,小流域对降雨径流的调蓄能力不断提高,不仅其蓄满容量不断增大,降雨-洪水的洪峰、产流时长(产流起始时间距降雨起始时间的时长,h)、洪水历时、单位面积侵蚀量与径流系数也在不断变化。洪峰流量由 0.032 m³/s 下降至 0.002 m³/s,当前流量水平仅是初期的6.25%;由雨后 2.08 h 沟口测站测到洪水过程延长到雨后 4.20 h,流域产汇流过程明显延滞;而相应洪水平均历时亦由 9.00 h 缩短至 7.20 h。而洪水历时与洪峰流量的下降必然带来洪量的减小,平均场洪水径流系数由治理初期的 0.016 7 下降至近期的 0.001 9,下降了 88.87%;同时产流能力的下降也有效削弱了洪水的水蚀动力,单次洪水的单位面积土壤侵蚀量由 21.06 t 下降至 1.54 t,大多数降雨-洪水过程甚至没有土壤侵蚀现象发生。

表 4-6　Ⅳ类典型降雨产流特征的变化

| 时段 | 蓄满容量/mm | | 洪峰流量/(m³/s) | | 产流时长/h | | 洪水历时/h | | 单位面积侵蚀量/t | | 径流系数 | |
|---|---|---|---|---|---|---|---|---|---|---|---|---|
| | 杨家沟 | 董庄沟 | 杨家沟 | 董庄沟 | 杨家沟 | 董庄沟 | 杨家沟 | 董庄沟 | 杨家沟 | 董庄沟 | 杨家沟 | 董庄沟 |
| 1954—1963 年 | 8.98 | 6.45 | 0.032 | 0.12 | 2.08 | 2.50 | 9.00 | 7.55 | 21.06 | 35.89 | 0.016 7 | 0.053 2 |
| 1981—1992 年 | 13.21 | | 0.008 | | 3.03 | | 9.08 | | 18.47 | | 0.003 1 | |
| 1993—2004 年 | 15.27 | | 0.006 | | 3.50 | | 7.87 | | 14.32 | | 0.002 5 | |
| 2005—2014 年 | 16.34 | 12.06 | 0.002 | 0.09 | 4.20 | 3.33 | 7.20 | 17.00 | 1.54 | 28.96 | 0.001 9 | 0.048 8 |

通过Ⅰ类降雨的标准化降雨-洪水过程线,发现流域产流的时长(产流起点与降雨起点的时长,h)、洪峰流量、径流系数与单位面积侵蚀量均与最大雨强显著相关($P<0.05$);雨强越大,产流越快,洪峰流量、径流系数与单位面积侵蚀量愈大。由于各次降雨-洪水过程的多变性,很难找到各阶段过程完全相似的次降雨-洪水,因此以典型洪水过程来说明降雨径流调节能力的时间变化。图 4-9 中(a)、(b)、(c)、(d)分别是编号为 Y195504-D195507、Y198204、Y199501、Y201101-D201101 的 4 场降雨-洪水,虽然降雨过程具体不同,但都有强降雨时段,四者的最大雨强分别为 14.13 mm/h、63.43 mm/h、26.10 mm/h、64.80 mm/h。高强度降雨后迅速产流,Y195504-D195507 以 14.13 mm/h 的雨强降雨1.02 h 后流域开始产流;Y198204 是在持续 7 min 的 63.43 mm/h 高强度降雨后即刻开始产流;Y199501 是在流域已经接收 2.5 mm 降雨的基础上以 26.10 mm/h 的高强度降雨11 min 后产流;Y201101 是在 33.6 mm/h 的高强度降雨 3 mm 后产流,后续 64.80 mm/h 的降雨还没有开始洪水已经达到流量峰值(见表 4-7)。因此,产流时长与最大雨强大小及其出现的时间显著相关,降雨强度越大,产流越快。虽然 Y201101 的最大雨强最高,且主要洪水时段的雨强始终最高,但其洪峰流量、洪水历时却最小,这也决定了其径流量、单位面积侵蚀量最小。这说明,经人工生态治理的杨家沟在高强度降雨下虽然雨水的蓄存能力受到限制,仍会快速产汇流,但其洪峰被大幅度削弱,土壤侵蚀量下降明显。

### 4.4.2.3　研究流域(杨家沟)与对比流域(董庄沟)降雨-洪水的对比研究

作为研究流域,杨家沟生态治理的水文效应通过与对照流域董庄沟的对比研究更具有说服力。董庄沟在生态治理的初期阶段(1954—1963 年)流域降雨蓄满产流的临界容量为 6.45 mm,是杨家沟的 71.83%;2005—2014 年蓄满容量上升至 12.06 mm,是杨家沟的 73.81%;人工生态治理小流域杨家沟的蓄满容量由治理初期的 8.98 mm 上升至现阶段的 16.34 mm,提高了 81.96%,虽然自然恢复小流域董庄沟的蓄满容量也在不断提高,但提高的绝对值前者是后者的 1.31 倍,且前者的蓄满容量在生态治理的各个阶段始终高于后者。

表 4-7　Ⅰ类典型降雨产流特征变化

| 阶段 | 洪峰流量/ (m³/s) | | 产流时长/ h | | 洪水 历时/h | | 单位面积 侵蚀量/t | | 径流系数 | | 降雨 量/mm | 降雨 历时/ h | 最大 雨强/ (mm/h) |
|------|------|------|------|------|------|------|------|------|------|------|------|------|------|
| | 杨家 沟 | 董庄 沟 | 杨家 沟 | 董庄 沟 | 杨家 沟 | 董庄 沟 | 杨家 沟 | 董庄 沟 | 杨家 沟 | 董庄 沟 | | | |
| 1954— 1963 年 | 0.25 | 2.69 | 1.02 | 1.07 | 4.08 | 2.77 | 119.08 | 533.57 | 0.010 | 0.044 | 28.50 | 2.02 | 14.13 |
| 1981— 1992 年 | 0.05 | | 0.12 | | 7.50 | | 19.54 | | 0.011 | | 28.40 | 5.45 | 63.43 |
| 1993— 2004 年 | 0.04 | | 0.52 | | 4.75 | | 128.74 | | 0.007 | | 28.00 | 5.33 | 26.10 |
| 2005— 2014 年 | 0.03 | 0.18 | 0.05 | 0.08 | 1.25 | 1.50 | 1.45 | 103.97 | 0.003 | 0.007 | 28.20 | 6.42 | 64.80 |

生态治理影响下杨家沟同场降雨-洪水的洪峰流量、洪量与单位面积土壤侵蚀量都小于董庄沟。生态治理初期，杨家沟Ⅳ类降雨的洪峰流量、洪量与单位面积土壤侵蚀量分别是董庄沟的 26.23%、50.27%、58.68%，较未人工治理流域有明显减小；现阶段前者分别是后者的 2.35%、2.09%、5.32%，生态治理的效应呈数量级显现（见图 4-8、表 4-6）。而对于Ⅰ类降雨，杨家沟的产流时长较董庄沟没有明显的延滞趋势，但洪峰流量、洪量与单位面积土壤侵蚀量有明显下降；生态治理初期，前者洪峰流量、洪量、单位面积土壤侵蚀量分别是后者的 9.26%、23.7%、22.32%；虽然现阶段典型降雨的最大雨强是治理初期的 4 倍多，但前者各项洪水特征值分别是后者的 14.04%、1.4% 与 45%，仍然明显较低；但由于降雨强度对流域径流调蓄能力的限制，现阶段典型降雨-洪水过程杨家沟较董庄沟洪峰流量与洪量的下降幅度小于治理初期，而单位面积土壤侵蚀量随治理时间增加下降幅度增大（见图 4-9、表 4-7）。这说明治理流域的水土保持效用具有可持续性，但其降雨径流调节能力的提高是有雨强局限性的，随降雨强度增大流域的降雨蓄存率、降雨径流调节能力虽仍较未治理流域提高，但效果减弱，即生态治理小流域对极端降雨的调控作用仍显不足。

## 4.4.3　降雨径流模拟

### 4.4.3.1　径流深的回归分析

为比较杨家沟与董庄沟各个阶段对不同降雨类型的调蓄能力，以历次降雨径流的径流深 $H_r$ 为因变量，以降雨量 $P$、平均雨强 $I_a$ 为自变量进行回归分析，获得各降雨类型在不同阶段的模拟径流深。各类降雨条件下径流深与洪峰流量模数的回归方程见表 4-8。由表 4-8 可看出，各类产流降雨类型下，次降雨量与场平均雨强的乘积对人工林小流域杨家沟与荒草地小流域董庄沟各阶段的径流深都具有显著或极显著的线性影响，线性模型能够较好地模拟径流深在雨量与雨强变化下的改变。

表 4-8　径流深 $H_r$ 与降雨量 $P$、平均雨强 $I_a$ 的回归分析

| 流域 | 阶段 | 降雨类型 | 洪水次数 | 回归方程 | $F$ | $P$ | 调整 $R^2$ |
|---|---|---|---|---|---|---|---|
| 杨家沟 | 1954—1963 年 | I | 10 | $H_r = 0.005\ 4PI_a$ | 5.294 | 0.047 | 0.300 |
| | | II | 6 | $H_r = 0.004\ 1PI_a$ | 17.619 | 0.009 | 0.735 |
| | | III | 19 | $H_r = 0.014\ 2PI_a$ | 49.536 | 0 | 0.719 |
| | | IV | 21 | $H_r = 0.005\ 5PI_a$ | 40.945 | 0 | 0.655 |
| | 1981—1992 年 | I | 12 | $H_r = 0.003\ 8PI_a$ | 42.644 | 0 | 0.776 |
| | | II | 8 | $H_r = 0.008\ 0PI_a$ | 650.043 | 0 | 0.988 |
| | | III | 14 | $H_r = 0.003\ 3PI_a$ | 7.906 | 0.015 | 0.330 |
| | | IV | 22 | $H_r = 0.004\ 6PI_a$ | 45.616 | 0 | 0.670 |
| | 1993—2004 年 | I | 17 | $H_r = 0.001\ 7PI_a$ | 31.138 | 0 | 0.639 |
| | | II | 6 | $H_r = 0.02PI_a$ | 12.130 | 0.018 | 0.650 |
| | | III | 24 | $H_r = 0.004\ 3PI_a$ | 8.675 | 0.007 | 0.242 |
| | | IV | 30 | $H_r = 0.005PI_a$ | 8.324 | 0.007 | 0.196 |
| | 2005—2014 年 | I | 10 | $H_r = 0.000\ 7PI_a$ | 12.425 | 0.006 | 0.533 |
| | | II | 4 | $H_r = 0.002\ 9PI_a$ | 20.836 | 0.020 | 0.832 |
| | | III | 18 | $H_r = 0.057\ 2PI_a$ | 16.163 | 0.001 | 0.457 |
| | | IV | 14 | $H_r = 0.019\ 4PI_a$ | 11.214 | 0.005 | 0.422 |
| 董庄沟 | 1954—1963 年 | I | 18 | $H_r = 0.005\ 2PI_a$ | 12.480 | 0.003 | 0.389 |
| | | II | 8 | $H_r = 0.006\ 6PI_a$ | 6.761 | 0.035 | 0.419 |
| | | III | 16 | $H_r = 0.016\ 2PI_a$ | 15.079 | 0.001 | 0.468 |
| | | IV | 50 | $H_r = 0.006\ 1PI_a$ | 31.237 | 0 | 0.377 |
| | 2005—2014 年 | I | 13 | $H_r = 0.003\ 7PI_a$ | 15.202 | 0.002 | 0.522 |
| | | II | 5 | $H_r = 0.021PI_a$ | 98.246 | 0.001 | 0.951 |
| | | III | 17 | $H_r = 0.056PI_a$ | 14.975 | 0.001 | 0.451 |
| | | IV | 25 | $H_r = 0.041\ 5PI_a$ | 29.059 | 0 | 0.529 |

I 类降雨条件下,超过流域降雨吸蓄速度的雨强是造成流域产流的根本原因,由于降雨量较小、降雨历时短,此类降雨难以形成有规模的洪水过程,因此两流域各阶段 I 类降雨的回归系数都较小,特别是实施生态治理后由于流域对降雨径流的调蓄能力增强,I 类降雨的回归系数降到流域最低。杨家沟各个阶段 II 类降雨以雨量与平均雨强的乘积为变量的径流深回归系数分别为 0.004 1、0.008 0、0.02、0.002 9,出现了先升后降的态势;董庄沟第一、四阶段径流深的回归系数依次为 0.006 6、0.021,第四阶段较高;II 类降雨雨量

与雨强都偏高,无论调蓄容量或调蓄速度可能都突破了流域的调蓄阈值,因此产流量只是雨量或雨强超出流域调蓄容量或速度的漫溢部分,由此可见,该类降雨径流深的回归系数不仅受流域调蓄容量的影响,也与雨量与雨强大小紧密相关;当 $PI_a$ 超过某一阈值,增加的雨量就完全是净雨,造成产流系数的非线性增长。杨家沟各个阶段Ⅲ类降雨的径流深回归系数分别是 0.014 2、0.003 3、0.004 3、0.057 2,董庄沟第一、四阶段分别为 0.016 2、0.056;第一阶段董庄沟较大,第四阶段杨家沟稍高,两阶段差异均不大;两流域第四阶段流域产流系数均大幅度提高。杨家沟各个阶段Ⅳ类降雨的径流深回归系数分别是 0.005 5、0.004 6、0.005、0.019 4,董庄沟第一、四阶段分别为 0.006 1、0.041 5,两流域线性回归系数均是末期大幅度增高,但后者增高了 5.8 倍,前者仅增高了 2.55 倍。

#### 4.4.3.2　洪峰流量模数的回归分析

为比较杨家沟与董庄沟各个阶段对不同降雨类型的径流洪峰流量模数的调蓄能力,以洪峰流量模数 PM 为因变量,以最大 30 min 降雨强度 $I_{30}$ 为自变量进行回归分析,获得各降雨类型在不同阶段的模拟洪峰流量模数(见表 4-9)。

表 4-9　洪峰流量模数 PM 与最大 30 min 降雨强度( $I_{30}$ )的回归分析

| 流域 | 阶段 | 降雨类型 | 洪水次数 | 回归方程 | $F$ | $P$ | 调整 $R^2$ |
|---|---|---|---|---|---|---|---|
| 杨家沟 | 1954—1963 年 | Ⅰ | 10 | $PM = 0.025I_{30}$ | 9.111 | 0.015 | 0.448 |
| | | Ⅱ | 6 | $PM = 0.042I_{30}$ | 8.474 | 0.033 | 0.555 |
| | | Ⅲ | 19 | $PM = 0.039I_{30}$ | 19.963 | 0 | 0.500 |
| | | Ⅳ | 21 | $PM = 0.004I_{30}$ | 33.649 | 0 | 0.609 |
| | 1981—1992 年 | Ⅰ | 12 | $PM = 0.017I_{30}$ | 7.560 | 0.019 | 0.353 |
| | | Ⅱ | 8 | $PM = 0.059I_{30}$ | 8.913 | 0.020 | 0.497 |
| | | Ⅲ | 14 | $PM = 0.009I_{30}$ | 15.857 | 0.002 | 0.515 |
| | | Ⅳ | 22 | $PM = 0.004I_{30}$ | 21.887 | 0 | 0.487 |
| | 1993—2004 年 | Ⅰ | 17 | $PM = 0.006I_{30}$ | 12.236 | 0.003 | 0.398 |
| | | Ⅱ | 7 | $PM = 0.035I_{30}$ | 16.623 | 0.010 | 0.723 |
| | | Ⅲ | 24 | $PM = 0.017I_{30}$ | 6.841 | 0.015 | 0.196 |
| | | Ⅳ | 30 | $PM = 0.003I_{30}$ | 8.437 | 0.007 | 0.199 |
| | 2005—2014 年 | Ⅰ | 10 | $PM = 0.003I_{30}$ | 8.816 | 0.016 | 0.439 |
| | | Ⅱ | 4 | $PM = 0.023I_{30}$ | 24.128 | 0.016 | 0.853 |
| | | Ⅲ | 18 | $PM = 0.014I_{30}$ | 6.068 | 0.025 | 0.220 |
| | | Ⅳ | 14 | $PM = 0.004I_{30}$ | 124.329 | 0 | 0.898 |

续表 4-9

| 流域 | 阶段 | 降雨类型 | 洪水次数 | 回归方程 | $F$ | $P$ | 调整 $R^2$ |
|---|---|---|---|---|---|---|---|
| 董庄沟 | 1954—1963 年 | I | 18 | $PM = 0.047I_{30}$ | 8.577 | 0.009 | 0.296 |
| | | II | 8 | $PM = 0.143I_{30}$ | 76.882 | 0 | 0.905 |
| | | III | 16 | $PM = 0.020I_{30}$ | 8.907 | 0.009 | 0.331 |
| | | IV | 50 | $PM = 0.025I_{30}$ | 7.547 | 0.008 | 0.118 |
| | 2005—2014 年 | I | 13 | $PM = 0.023I_{30}$ | 6.810 | 0.023 | 0.309 |
| | | II | 5 | $PM = 0.095I_{30}$ | 47.996 | 0.002 | 0.904 |
| | | III | 17 | $PM = 0.027I_{30}$ | 52.073 | 0 | 0.750 |
| | | IV | 25 | $PM = 0.008I_{30}$ | 30.730 | 0 | 0.543 |

由表 4-9 可以看出,以最大 30 mim 降雨强度($I_{30}$)为自变量对杨家沟与董庄沟各类降雨的洪峰流量模数 PM 进行线性模拟,模型均呈显著性($P<0.05$),拟合效果良好,自变量对因变量的解释率多在 30% 以上。两流域各阶段洪峰流量模数的回归方程中,II 类降雨洪水的回归系数最大,说明 II 类降雨产洪的洪峰流量随最大 30 min 降雨强度的变化最大,对其依存度最高;同一阶段,IV 类降雨产洪的洪峰流量模数对 $I_{30}$ 的依存度最低,回归系数的时间变化剧烈,杨家沟从第一到第四阶段先大幅降低后有微幅提高,董庄沟则是稍有提高;I 类降雨的洪峰流量模数随小流域生态治理时间延长、回归系数不断下降,时间越久洪峰对 $I_{30}$ 的依存度越低,对雨强峰值的反映越微弱。杨家沟与董庄沟各类降雨洪峰流量模数的回归方程系数随阶段演替除极个别出现增大现象外都处于下降态势中,且相同阶段、降雨类型的洪峰流量模数的回归系数基本上后者大于前者,这说明人工林流域比荒草地流域能更有效地削减洪峰。

# 4.5　讨　论

## 4.5.1　生态治理措施对降雨径流的调蓄能力具有降雨类型适用性

国内外学者普遍认为降雨类型是影响雨水入渗、产流及土壤侵蚀的重要因素,在此基础上开展了广泛的降雨分类及其入渗、产流与侵蚀力研究。Huff(1967)根据峰值雨强出现在降雨过程中的时间划分降雨类型;殷水清等(2014)根据降雨量的集中时段划分了中国的降雨过程;邬铃莉等(2017)将降雨分为递增型、峰值型、递减型和均值型四类;王万忠等(1996)将黄土区降雨分为短时局地雷暴雨(A 型)、锋面性降雨夹有雷暴性质的暴雨(B 型)、长历时锋面降雨(C 型)三类。黄土高原多基于降雨侵蚀力研究需要来划分降雨类型,但降雨类型在黄土区降雨分配中的重要影响是同样值得重视的领域。

在相同的降雨环境下,1954—1963 年,自然恢复小流域董庄沟 I 类、II 类、III 类、IV 类降雨累计径流深依次是人工林小流域杨家沟的1.51倍、4.76倍、1.01倍、2.55倍,此阶段植被治理措施对不同降雨类型的径流调蓄能力由高到低依次为Ⅱ类、Ⅳ类、Ⅰ类、Ⅲ类;小流域人工林治理初期对大雨量低强度与小雨量高强度降雨的调蓄能力较弱。

2005—2014年,董庄沟各类产流降雨的累计径流深依次是杨家沟的2.26倍、0.46倍、0.93倍、2.93倍,此阶段人工林相较荒草地生态系统对Ⅳ类与Ⅰ类降雨径流仍然有明显的调蓄优势,但对大雨量降雨产流已不存在调蓄优势,相反这种降雨环境下杨家沟产流更多。而第一阶段,董庄沟Ⅰ类、Ⅱ类、Ⅲ类、Ⅳ类降雨累计侵蚀模数分别是杨家沟的1.37倍、7.23倍、0.95倍、16.06倍,第四阶段,前者分别是后者的6.05倍、0.54倍、2.54倍、6.42倍,说明小流域植被建设对Ⅰ、Ⅳ类降雨的减沙作用比较稳定,即对小雨量低强度降雨的减蚀作用显著而稳定,而对大雨量、高强度降雨的减蚀作用受雨量与雨强的限制,当雨量、雨强突破植被减蚀作用的阈值后杨家沟的土壤侵蚀与董庄沟趋同,甚至出现报复性土壤侵蚀力释放,造成土壤侵蚀迅猛增加。第一、四阶段董庄沟各类产流降雨的场均洪峰流量依次是杨家沟的2.07倍、9.91倍、0.97倍、11.67倍与5.45倍、1.12倍、1.58倍、2.56倍,说明人工林生态系统对各类降雨径流洪峰都有显著的调节作用,但洪峰调控力的大小与雨量、雨强及雨情有紧密关系。

以上说明人工林建设提高了小流域下垫面糙度,明显影响了径流汇聚、传递的速度,能有效削弱洪峰、延滞出流;但当降雨量超过了流域的蓄水库容、降雨强度高于流域的蓄水速度时,流域对于降雨径流、土壤侵蚀的调控能力存在阈值。

### 4.5.2　小流域生态治理措施对极端降雨径流的调蓄有局限

Ⅰ类、Ⅳ类降雨条件下杨家沟相较董庄沟无论是径流量还是洪峰流量模数都有显著的下降,说明人工林生态措施此时具有明显的径流调蓄优势;而在Ⅱ类、Ⅲ类降雨条件下前者的调蓄优势不显著,甚至某些雨量、雨强超常巨大的次降雨条件下前者的径流系数、洪峰流量高于后者,说明小流域生态治理措施对极端降雨径流的调蓄存在局限,甚至有可能存在报复性洪峰、洪量,进一步形成报复性侵蚀。而当前面对频发的极端气候,这些现象值得进一步深入研究。

## 4.6　小　结

（1）杨家沟与董庄沟年与汛期洪水频率处于不断下降趋势中,生态治理初期,两流域洪水频次差异显著,但随着生态治理年限的延长,两流域洪水频次逐渐趋同;年与汛期径流深不断增加,除后者汛期径流深外增加均不显著（$P \leq 0.05$）;汛期侵蚀量占年侵蚀量的99%以上,不断增加但不显著（$P \leq 0.05$）,两流域第一阶段侵蚀模数差异显著,第四阶段差异不显著（$P \leq 0.05$）;杨家沟前后各阶段多年汛期径流系数的平均值依次为1%、1.58%、2.46%、5.07%,董庄沟第一、四阶段分别为2.93%与10.93%,均处于上升趋势,第四阶段显著较高（$P \leq 0.05$）,两流域相比后者较高尤其是第一阶段后者显著较高（$P \leq 0.05$）。第二、四阶段出现多次极端降雨,导致两流域年均径流量、侵蚀量与径流系数同时迅猛增大。

（2）对研究期内引起 537 场洪水的降雨分流域、时段进行统计，结果表明两流域各阶段次均雨量与雨强均处于上升趋势，末期较初期分别提高了 18.64%、78.57% 与 29.27%、23.63%；综上所述，两者产流门槛愈来愈高，即流域对降雨径流的调蓄能力愈来愈强，但后者始终较弱。

（3）通过 K–均值聚类与系统聚类将次降雨划分为小雨量高强度、大雨量高强度、大雨量低强度、小雨量低强度四类，不同降雨类型产流的平均洪水深、侵蚀模数与洪峰流量由小到大的排序分别依次为：Ⅰ类、Ⅳ类、Ⅲ类、Ⅱ类降雨；Ⅳ类、Ⅰ类、Ⅲ类、Ⅱ类降雨；Ⅳ类、Ⅲ类、Ⅰ类、Ⅱ类降雨。随着时间的发展，Ⅳ类降雨频次下降，Ⅰ类、Ⅱ类、Ⅲ类降雨增多。通过Ⅰ类典型降雨标准降雨与洪水过程对比研究发现：杨家沟同次降雨-洪水的洪峰流量、洪量与单位面积土壤侵蚀量都小于董庄沟；杨家沟在高强度降雨下洪峰被大幅度削弱，土壤侵蚀量下降明显；治理流域的水土保持效用具有可持续性，但其降雨径流调节能力的提高是有雨强局限性的，随降雨强度增大流域的降雨蓄存率、降雨径流调节能力虽仍较未治理流域提高，但效果减弱，即人工林小流域对极端降雨径流的调蓄作用不明显。

（4）以降雨量 $P$、平均雨强 $I_a$ 与最大 30 min 降雨量 $I_{30}$ 为自变量，分别以径流深 $H_r$、洪峰流量模数 FM 为因变量进行回归分析，获得各降雨类型在不同阶段的模拟径流深与洪峰流量模数。以次降雨量与场平均雨强的乘积为自变量的径流深线性模型中Ⅰ类降雨的回归系数较小，生态治理后期降到最低；杨家沟Ⅱ类降雨径流深回归系数先升后降，董庄沟第四阶段同样增大，该类降雨条件下雨量或雨强超过了某一阈值，再增加的雨量就完全是净雨部分，造成产流系数的非线性增长；因此，在雨量与雨强的极值影响下，两流域Ⅲ类、Ⅳ类降雨的回归系数均有提高现象。以最大 30 min 降雨强度（$I_{30}$）为自变量对两流域洪峰流量模数 PM 进行线性模拟，拟合效果良好。两流域各类降雨洪峰流量模数的回归方程系数随阶段演替除极个别出现增大现象外都处于下降态势，且相同阶段、降雨类型的洪峰流量模数的回归系数基本上后者大于前者，这说明人工林流域比荒草地流域能更有效地削减洪峰；各类降雨的回归方程中，Ⅱ类降雨的洪峰回归系数最大；同一阶段，Ⅳ类降雨洪峰流量模数的回归系数各阶段高低变化复杂，对 $I_{30}$ 的依存度最低；Ⅰ类降雨的洪峰流量模数随小流域生态治理时间延长、回归系数不断下降。

# 第 5 章　　小流域枯落物对降雨径流的调蓄

地上植被不仅以其冠层茎叶截持降雨,削减地面承接雨量,在其生命演替过程中茎叶生发凋落形成的枯枝落叶层也成为大气降雨入渗土壤前的第二层"防线",吸持大量雨水,是降雨径流的重要调蓄来源与力量。

多年来,植被建设一直是黄土高原生态建设的重要方式,不管是人工林草还是封育撂荒都是生物措施改善生态,都会带来生态系统内绿色植被的增加,最终增加生态系统的枯落物输入。枯落物层(枯枝落叶层)又被称为凋落物层,处于生态系统中的土壤层与植物层之间,主要成分包括叶、枝、皮、花、果、种子等植物地上器官、组织在自然或外力干扰下枯死、脱落后累积的枯枝落叶,也包括部分动物残体。

枯落物层是森林生态系统中重要的结构层次,对流域生态具有物理、化学与生物作用。枯落物层影响其下土壤的水热、通气及养分状况,决定系统内生物特别是微生物种群的类型及数量,不仅对土壤的发育和改良有重要意义,且由于结构疏松具有良好的透水性和持水能力,能够有效地防止雨滴击溅、减少土壤闭蓄、增强降雨入渗、拦蓄降水、缓滞地表径流、减少水土流失,起着降水"缓冲器"的作用。根据枯落物的分解程度,可以将其分为未分解层、半分解层与已分解层,未分解层一般位于上层,是当年累积的枯枝落叶残体,较易识别;半分解层一般处于整个界面层次的中间,形态已有部分改变,发生了程度不等的分解,来源已不清晰;已分解层枯落物处于枯落物层与土壤层的相交部位,向上与半分解层、向下与土壤层往往边界不清晰,原有形态已完全破坏,变得细碎、黑腐,很难看出来源。

水文效用研究中常用枯落物的有效拦蓄量与拦蓄率来评价其水文调蓄能力。而拦蓄量与拦蓄率取决于枯落物层的组成、积累量、分解状况与持水能力。由于结构和物质组成的差异,不同类型的枯落物分解速率也有差别(Berg B et al. ,1993)。不同植被类型的器官与组织及其地上生产力往往不同,生长和衰老过程也不同,造成枯落物组成与产量的差异,进而影响枯落物的拦蓄量与拦蓄率,产生不同的水文效用。含有较多木质素和纤维素的植物枝条或茎,与光合、繁殖器官相比分解更缓慢(Freschet G T et al. ,2012);阔叶一般比针叶分解快(郝占庆 等,1998)。

本书首先设置样方采集枯落物样本,进行两流域枯落物构成与蓄积量的计算分析,然后通过浸泡试验测试枯落物的持水率、持水量及持水过程,并计算其降雨拦蓄率、拦蓄量及拦蓄速率。

## 5.1　采样与试验设计

### 5.1.1　采样方法

在选定代表性坡面的坡上、坡中、坡下分别各设置两个 1 m×1 m 的小样方,以钢尺测量各样点枯落物的厚度。在每个小样方内拉对角线,选取对角的两个部分,按照枯落物层次分上(未分解)、中(半分解)、下(完全分解)层分别采取枯落物样品并装入 40 目尼龙袋,并对每个样品编号、测鲜重,以估算各类枯落物储量。取样时各层样品力求取尽,且避免土粒混入。为准确获得枯落物蓄存变化数据,2016 年分别选择植物萌发前的 4 月与植被凋敝后的 11 月分两次采样,两流域每次共采集枯落物样品 216 个,每流域 108 个。

## 5.1.2　试验方法

将每个样方的各层枯落物样品带回实验室,放入烘箱以 65 ℃恒温烘至恒重后称重,作为枯落物的干重,用干重计算各样点各类枯落物储量。由于枯落物易燃,因此在烘干过程中全程留人监控,以免引起火灾。将烘干并测干重后的各枯落物样品放入塑料桶内浸泡,浸泡过程中应注意使所有的枯落物放置于水面以下,并在水位下降后,及时加水。分别在持续浸泡 0.5 h、1 h、2 h、3 h、4 h、5 h、6 h、9 h、12 h、14 h、18 h、24 h 后,将枯落物取出平放于大孔径滤网上控出浮水,质量在室内无风恒温 20 ℃环境下保持 30 min 内稳定时可用以计测该时段的枯落物持水量。

## 5.1.3　研究方法

### 5.1.3.1　指标的计算方法

1. 枯落物的持水量与持水率

取样后先后测得枯落物的鲜重与干重,然后根据干重计算枯落物的 贮存量。分别按照式(5-1)与式(5-2)计算枯落物样品的持水量 $W_n$ 与持水率 $R_n$(马雪华等,1993)。

$$W_n = G_n - G_0 \tag{5-1}$$

$$R_n = \frac{W_n}{G_0} \times 100\% \tag{5-2}$$

式中:$W_n$ 为枯落物浸泡 $n$ h 的持水量,g;$G_n$ 为枯落物浸泡 $n$ h 后的质量,g;$G_0$ 为枯落物的干重,g;$R_n$ 为枯落物浸泡 $n$ h 的持水率(%)。

枯落物持续浸泡 24 h 的湿水质量 $G_{24}$ 与干重 $G_0$ 的差值,被认为是枯落物的最大持水量 $W_{max}$,此时的持水率称为最大持水率。

2. 枯落物的吸水速率

落物持水量 $W_n$ 与浸水时间 $n$ 的比值称为吸水速率 $V_n$[g/(g·h)],是衡量枯落物截留降水快慢的指标,吸水速率越大,枯落物涵蓄降雨的速度越快,降雨径流的调蓄能力越强。枯落物吸水速率通过式(5-3)计算。

$$V_n = \frac{W_n}{n \cdot G_0} \tag{5-3}$$

3. 枯落物的自然持水量与自然持水率

枯落物自然状态下仍然蓄持有一定水分,这部分水分被称为自然持水量 $W_0$,自然持水量与枯落物干重的百分比被称为自然持水率 $R_0$。自然持水量与自然持水率的大小与枯落物的厚度、种类、地理环境等有密切关系,会影响其对降雨的吸蓄量。自然持水量是在持续无雨天气中枯落物处于天然环境中常态持有的水分,一般以枯落物采样时的鲜重

$G_i$ 减去烘干后的干重 $G_0$ 来计算。自然持水量与自然持水率的计算公式具体见式(5-4)、式(5-5)。

$$W_0 = G_i - G_0 \tag{5-4}$$

$$R_0 = \frac{W_0}{G_0} \times 100\% \tag{5-5}$$

4. 有效拦蓄量与有效拦蓄率

通过浸泡试验获得的枯落物持水量与持水率是其长期处于水饱和状态下的理想持水量与持水率,与其自然降雨环境下的实际降雨涵蓄能力有出入。通常把枯落物蓄持最大持水量的 85% 时所能吸蓄的降雨量称为有效拦蓄量 $W_f$,通过有效拦蓄量计算获得有效拦蓄率 $R_f$,用以度量枯落物的实际降雨截留能力(彭云莲 等,2018)。有效拦蓄量与有效拦蓄率的计算公式如下:

$$W_f = W_{\max} \times 85\% - W_0 \tag{5-6}$$

$$R_f = \frac{W_f}{G_0} \times 100\% \tag{5-7}$$

5. 有效拦蓄水深

为方便枯落物有效拦蓄量与降雨、径流深的直观对比,可通过式(5-8)将有效拦蓄量换算成有效拦蓄水深。

$$H_f = \frac{W_f}{G_0} \cdot \frac{M}{10} \tag{5-8}$$

式中:$H_f$ 为枯落物的有效拦蓄水深;$M$ 为枯落物的蓄存量,$t/hm^2$。

### 5.1.3.2　数据处理与分析方法

通过 Excel 进行数据整理,借助 SPSS 进行各种 T 检验与 ANOVA 分析,并进行数学模拟。

# 5.2　植被建设对枯落物构成与蓄积过程的影响研究

群落特征的时空异质性是陆地生态系统的主要表现,群落结构、物种组成、年龄分布的差异使生态系统表现出时间与空间变异,这种时空变异导致凋落物产量的时空分布差异。同一气候区下,生态系统的植被组成及其密度、株(胸)高、断面面积、年龄等是决定凋落物产量的关键因子(石佳竹 等,2019)。因此,不同生态治理方式将影响枯落物的产量及其蓄积量。

杨家沟作为水土流失治理的典型小流域,自 19 世纪 50 年代始,实施了以植树造林为主的水土保持治理措施。作为对比小流域,相邻的董庄沟始终没有实施任何人为治理措施。不同的生态治理措施影响下两个流域形成了不同的植被群落,势必影响两者枯落物的蓄积量及其降雨径流调节能力。

## 5.2.1　对枯落物构成的影响研究

经过 60 年的生态恢复,杨家沟形成了人工林草复合生态系统(见图 5-1),林地面积占流域总面积的 55.31%。流域内植被既包括人工栽培的乔木(刺槐、杏树和杨树等)、灌木(柠条、紫穗槐)与草本(紫花苜蓿),又包括天然本地草本植物(冰草、白羊草、马牙草、艾蒿、稗草、穿叶眼子等)。坡面上林木主要是刺槐,沟口处少有低矮杏树;根据调查,10 m×10 m 的样方内有 5~9 棵刺槐分布;冠幅面积在 1 m×1 m~4 m×4 m;树高可达 10 m,低矮的仅 1.3 m,与灌丛高度近似;相应胸径也有较大的变化幅度,最粗的有 47 cm,最细的仅有 12.5 cm;存在个体干枯倒亡现象,群落中应该是原生态治理中人工栽植的植株与次生植株共存;除极个别坡面刺槐覆盖率较低外,大部分坡面覆盖率在 80%以上。林下灌木分布均匀、生长繁盛;灌丛高度都在 50 cm 以上,普遍在 1 m 以上,个别甚至近 3 m;灌径在 0.1~1.2 m;平均灌木覆盖度近 50%。林下人工与天然草类丰富,没有地皮裸露,覆盖度接近 100%;草类生长繁杂茂密,叶层高 0~80 cm,高低参差,形成了结构合理的多样性草被群落。

**图 5-1　杨家沟植被**

而相比之下,董庄沟经多年封禁与自然恢复,形成了以本地草本植物为主的荒草地生态系统(见图 5-2)。草地面积占流域总面积的 63.87%,以铁杆蒿、白羊草、本氏针茅、马牙草、冰草、艾蒿等天然草本群落为主;坡面草被覆盖率 70%~80%,个别极陡坡或西坡由于干旱缺水、水土流失而致土壤裸露;大部分坡面远望绿意葱茏,但近观植株分布稀疏,仍有地皮裸露,多以叶片窄、长的禾本科草类为主;叶层高 0~40 cm,大多植株低矮,趴地生长。灌木分布稀落,种类单一,流域平均覆盖率不足 30%,灌丛高度普遍在 50 cm 上下,个别大于 100 cm,平均株高小于杨家沟。

图 5-2　董庄沟植被

## 5.2.2　对枯落物蓄积过程的影响研究

枯落物的厚度与储量既是生态系统水源涵养能力的重要指征,也是影响养分与能量流动、促进物种多样性的两个重要物理属性(Facelli J M et al.,1991;Maguire D A,1994)。由于杨家沟与董庄沟植被构成,植株高度、密度等生态特征的不同,两小流域枯落物的蓄积量也不相同。

### 5.2.2.1　枯落物层厚度的对比

2016 年 4 月的枯落物调查结果(见图 5-3)表明,杨家沟枯落物平均厚度 4.03 cm,董庄沟平均厚度 1.96 cm,杨家沟显著高于董庄沟($P<0.05$)。杨家沟东坡枯落物平均厚度 4.04 cm,西坡 4.01 cm,不同坡向间差异不显著;董庄沟东、西坡枯落物平均厚度分别为 2.44 cm、1.49 cm,两坡向间差异显著($P<0.05$)。两流域坡下、坡中、坡上枯落物平均厚度分别为 5.89 cm、4.95 cm、1.23 cm 与 1.80 cm、2.23 cm、1.86 cm,前者沿坡面向上不断减少,不同坡位间差异均显著,后者坡中位枯落物厚度最大,不同坡位间差异不显著($P<0.05$)。

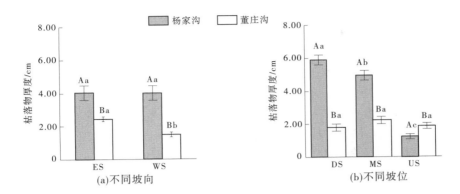

ES—东坡;WS—西坡;DS—坡下;MS—坡中;US—坡上。

注:图中不同小写字母表示同一流域不同坡向、坡位、区段和土层差异显著($P<0.05$),不同大写字母
表示不同流域之间差异显著($P<0.05$),下同。

**图 5-3　枯落物厚度对比**

### 5.2.2.2　枯落物蓄积量的对比

2016 年 4 月与 11 月的两次枯落物采样与测试结果(见表 5-1)表明,杨家沟 4 月枯落物平均蓄积量 7.75 t/hm²,未分解、半分解、完全分解部分的占比分别为 21.42%、41.03%、37.55%,半分解与完全分解部分占优势比例,两者间差别不大;董庄沟 4 月枯落物平均蓄积量 6.68 t/hm²,各部分比例分别为 18.11%、27.25%、54.64%,完全分解枯落物占绝对优势,未分解部分占比最低。杨家沟单位面积枯落物蓄积量高于董庄沟;未分解、半分解枯落物占比前者高于后者,后者完全分解枯落物占一半以上,高于前者。11 月枯落物平均蓄积量杨家沟 10.29 t/hm²、董庄沟 8.59 t/hm²,前者显著高于后者;此时,两流域半分解枯落物占比分别为 43.64% 与 41.21%,相比 4 月,占比均有所提高,且同是两者枯落物构成中的最大组分;同样,两流域未分解枯落物的占比均有小幅提高,分别达到 26.00%、27.47%;相应,完全分解枯落物占比不同程度下降,杨家沟下降幅度较小,由 37.55% 降至 30.32%,董庄沟由 54.64% 降至 31.32%,下降了 40.74%。4 月,上年积累的枯枝落叶等在长时间的腐解中,先后经历半分解、全分解过程,碎化与腐化变质不断加深,有机成分向土壤中迁移、扩散,枯落物蓄积量相比以蓄积过程占明显优势的 11 月有所减少。4 月与 11 月相比,杨家沟与董庄沟枯落物蓄积量同时减少,但由于较为潮湿的土表环境,杨家沟枯落物腐解的速度相对较快,因此其 4 月枯落物蓄积水平较 11 月明显较低,但同时杨家沟枯落物构成中的树(灌)枝与树皮、树根等难以腐解,因此 4 月未分解枯落物的比例没有明显下降。

**表 5-1　枯落物蓄积量**　　　　　　单位:t/hm²

| 采样时间 | 杨家沟 | | | | 董庄沟 | | | |
|---|---|---|---|---|---|---|---|---|
| | 未分解 | 半分解 | 完全分解 | 小计 | 未分解 | 半分解 | 完全分解 | 小计 |
| 2016 年 4 月 | 1.66 | 3.18 | 2.91 | 7.75 | 1.21 | 1.82 | 3.65 | 6.68 |
| 2016 年 11 月 | 2.68 | 4.49 | 3.12 | 10.29 | 2.36 | 3.54 | 2.69 | 8.59 |

　　杨家沟与董庄沟相比,两次采样的枯落物总蓄积量总是前者高于后者,这说明杨家沟的枯落物蓄积能力优于董庄沟。但2016年4月杨家沟的枯落物蓄存量是董庄沟的1.16倍,11月是1.2倍;11月相比4月两流域的枯落物蓄存量差距拉大,这说明每年的植被发育、枯落,人工林都比荒草地流域产生更多的枯落物,而前者由于枯落物组成、温湿等因素枯落物的腐解及向土壤迁移、归还的速度更快,因此造成来年4月两流域枯落物蓄存量的差距减小。枯落物各组分中,2016年4月杨家沟未分解、半分解、完全分解部分分别是董庄沟的137.19%、174.73%、79.73%,冬季降雨侵蚀几乎不发生的情况下,董庄沟完全分解枯落物蓄存明显多于其他部分,甚至多于杨家沟同类别的蓄存量,说明其完全分解枯落物向土壤中的迁移、转化不畅,短期集聚被强化。11月,杨家沟枯落物各组分分别是董庄沟的113.56%、126.84%与115.99%,4月董庄沟相对含量最高的完全分解枯落物半年时间后变成了相对含量较少的部分。董庄沟11月枯落物各组分与4月相比在总量增加的同时未分解、半分解部分几乎都增长了一倍,唯有完全分解枯落物减少了26.26%,这种突兀减少既与4月的大量集聚相矛盾,又与11月枯落物补充期内各组分增加的趋势相悖,应该是由雨季坡面侵蚀引起枯落物流失导致的。且由于侵蚀高发期与植被生育期重合,11月的未分解枯落物主要来源于处于生育期内的植被生命体,在植株根系的固持下,这部分枯落物来源基本上不会发生迁移、流失,而11月的半分解枯落物主要来源于生育期内的植株残体,其由于体积、比重尚大,与活植株的牵绊较多,不易随坡面水流迁移、流失。

## 5.2.3　对枯落物蓄水能力的对比研究

　　杨家沟与董庄沟枯落物构成、蓄存量不同,不同时间枯落物的持水率与持水量也不同。通过浸泡试验,首先测试了两流域不同时间、枯落物的最大持水率,再根据枯落物蓄存量计算各自的最大持水量,然后通过自然持水量及经验系数修正理论持水量计算枯落物的有效拦蓄率与有效拦蓄量,并换算为有效持水深;最后分析不同枯落物的吸持水速率。

### 5.2.3.1　持水率对比

　　试验结果表明,杨家沟与董庄沟不同时点、不同分解程度的枯落物的持水率各不相同(见图5-4)。2016年4月,杨家沟未分解、半分解、完全分解枯落物的最大持水率均值分别为307.14%、279.72%、220.28%,分解程度愈高枯落物的持水率愈低;而董庄沟枯落物各组分的最大持水率均值分别为275.04%、293.18%、217.10%,半分解枯落物的持水率最高,完全分解枯落物的持水率同样最小。2016年11月,杨家沟各分解程度枯落物的最大持水率均值分别为283.66%、262.73%、198.98%,董庄沟分别为259.52%、287.02%、208.92%,前者同样是随分解程度增高持水率提高,而后者仍然是半分解枯落物的持水率最高、完全分解枯落物的持水率最小。枯落物各组分持水率相比,两流域均是4月未分解、半分解枯落物持水率显著大于完全分解枯落物,11月枯落物各组分持水率差异显著($P<0.05$)。两流域相比,4月杨家沟未分解、完全分解枯落物最大持水率均高于董庄沟,半分解枯落物相反;11月杨家沟仅未分解枯落物持水率较高,其余董庄沟较高,且半分解枯落物持水率后者显著高于前者($P<0.05$);总体上,11月两流域枯落物持水率的差异更

大。不同时间枯落物的最大持水率相比,两流域未分解与完全分解部分均是 4 月显著高于 11 月,半分解部分 4 月较高但不显著;且杨家沟枯落物最大持水率在两个月的差距较董庄沟大,其中杨家沟完全分解枯落物在两个月的最大持水率差异显著($P<0.05$)。

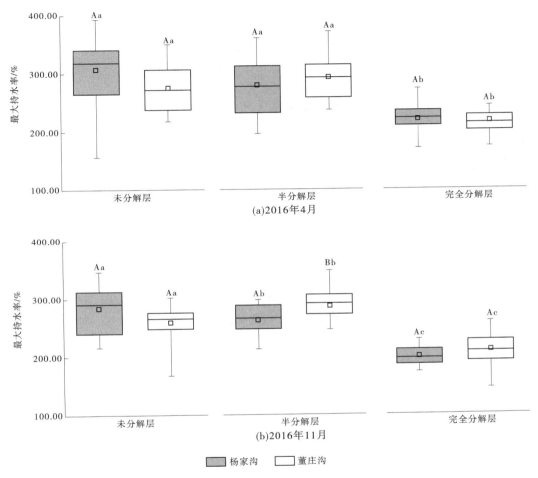

图 5-4　枯落物最大持水率对比

### 5.2.3.2　最大持水量对比

2016 年 4 月,杨家沟各层枯落物最大持水量分别为 4.95 t/hm²、9.02 t/hm²、6.44 t/hm²,董庄沟依次为 3.31 t/hm²、5.35 t/hm²、7.95 t/hm²,未分解与半分解枯落物的最大持水量均是前者显著高于后者,完全分解枯落物却是前者显著小于后者;单因素方差分析结果表明,杨家沟半分解枯落物的持水量显著高于未分解与完全分解枯落物,董庄沟枯落物各组分的持水量差异均显著($P<0.05$)。2016 年 11 月两流域未分解、半分解、完全分解枯落物的持水量依次为 7.15 t/hm²、11.47 t/hm²、6.03 t/hm² 与 5.37 t/hm²、8.73 t/hm²、5.03 t/hm²,两者均是半分解枯落物持水量显著高于未分解与完全分解枯落物;但两者相比,杨家沟未分解、半分解枯落物持水量显著高于董庄沟($P<0.05$)。4 月与 11 月的枯落物持水量相比,杨家沟未分解、半分解枯落物持水量差异显著,董庄沟各分解层枯

落物的持水量差异均显著($P<0.05$)。

### 5.2.3.3　自然持水率对比

　　枯落物自然持水是枯落物在光、热、风、地形、植被种类等综合影响下天然常态蓄持的水分,随环境条件不同,自然持水量不同,则自然持水率不同。自然持水率愈高,枯落物的自然持水量愈高,则在降雨条件下吸蓄雨量愈少,枯落物的自然持水量与雨水拦蓄能力在一定条件下成反比关系。

　　枯落物调查发现,杨家沟与董庄沟2016年4月未分解、半分解、完全分解枯落物的自然持水率均值依次为5.22%、8.81%、10.46%与2.66%、7.26%、8.67%,2016年11月分别依次为4.19%、7.70%、9.86%与2.55%、6.54%、8.03%,具体见图5-5。单因素方差分析结果表明,各流域不同分解层枯落物的自然持水率差异显著($P<0.05$),自然持水率高低依次为分解层>半分解层>未分解层,愈外层枯落物的自然持水率愈低;独立样本T检验表明,杨家沟与董庄沟各枯落物组分的自然持水率差异显著($P<0.05$),各组分均是杨家沟>董庄沟;2016年4月与11月的枯落物自然持水率配对样本T检验结果表明,杨家沟各分解层枯落物与董庄沟分解层枯落物4月的自然持水率明显较高($P<0.05$)。

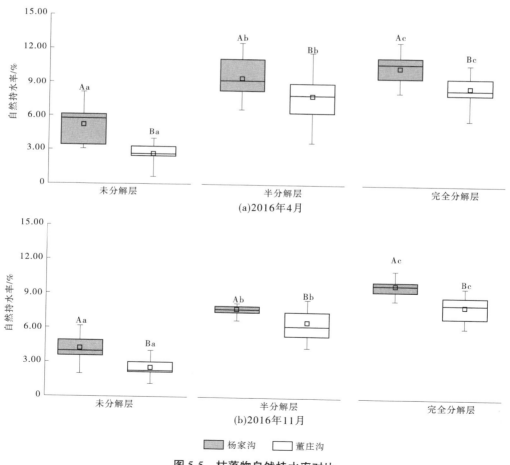

图 5-5　枯落物自然持水率对比

#### 5.2.3.4　自然持水量对比

2016 年 4 月与 11 月的调查结果表明,杨家沟与董庄沟未分解层枯落物的自然持水量都较少,前期两流域自然持水量分别为 0.09 t/hm² 与 0.03 t/hm²,后期分别为 0.11 t/hm² 与 0.05 t/hm²,两个月均是杨家沟明显较高($P<0.05$);半分解枯落物自然持水量依次为 0.29 t/hm²、0.13 t/hm² 与 0.33 t/hm²、0.20 t/hm²,董庄沟显著较多($P<0.05$),这是由其较高的半分解枯落物构成比例决定的;完全分解层枯落物自然持水量依次为 0.31 t/hm²、0.32 t/hm² 与 0.30 t/hm²、0.19 t/hm²,4 月两流域这部分枯落物自然持水量基本相当,11 月杨家沟明显高于董庄沟($P<0.05$)。单因素方差分析结果表明,杨家沟未分解层枯落物持水量显著小于半分解层与完全分解层,董庄沟 4 月各分解层枯落物持水量差异均显著,11 月未分解层与半分解层、完全分解层差异显著($P<0.05$)。董庄沟各分解层枯落物自然持水量 4 月与 11 月均有显著差异,杨家沟仅未分解层有显著差异($P<0.05$)。

#### 5.2.3.5　综合持水率与持水量的对比

根据枯落物各分解层的持水量与蓄存量汇总计算各样点枯落物的持水量与蓄存量,进而计算杨家沟与董庄沟的流域综合持水率与持水量。计算结果(见图 5-6)表明:杨家沟 2016 年 4 月与 11 月枯落物综合持水率分别为 262.39%、239.73%,董庄沟分别为 247.87%、223.94%,两流域相比前者始终高于后者,但差异不显著($P<0.05$);4 月与 11 月综合持水量前者分别为 20.41 t/hm²、24.64 t/hm²,后者分别为 16.62 t/hm²、19.13 t/hm²,仍然是前者高于后者,且 11 月两者差异显著($P<0.05$);各月自然综合持水率同样是杨家沟显著高于董庄沟,4 月两流域分别为 8.62%、7.18%,11 月分别为 7.24%、5.22%,各流域均是 4 月显著高于 11 月($P<0.05$);两个月的自然综合持水量均是杨家沟显著高于董庄沟($P<0.05$),前者依次是 0.68 t/hm²、0.75 t/hm²,后者依次是 0.48 t/hm²、0.45 t/hm²,杨家沟 11 月较高,董庄沟 4 月稍高。

#### 5.2.3.6　有效拦蓄率与拦蓄量的对比

持水率与持水量仅是枯落物饱和浸水时的含蓄水量,是理想状态下的最大持水量,天然降雨供水条件下枯落物受降雨强度、历时、地形、自然持水率等多种因素影响,在限制性供水条件下一边吸蓄水分,一边渗漏、蒸发水分,一般很难达到实验室浸泡供水的理想最大持水量。因此,枯落物的真实拦蓄能力常以理论持水量扣除自然持水量,再通过 85% 的 $K$ 值修正获得有效拦蓄量。

最终,计算获得杨家沟 2016 年 4 月与 11 月的枯落物有效拦蓄量分别为 16.77 t/hm²、20.31 t/hm²,董庄沟分别为 13.72 t/hm²、15.88 t/hm²,前者高于后者,且 11 月差异显著($P<0.05$);两流域 4 月与 11 月枯落物的有效拦蓄率依次为 215.70%、197.62%,204.58%、185.91%,仍然是杨家沟高于董庄沟,4 月高于 11 月,且前者两个月间有效拦蓄率差异显著。这说明,在植被繁茂的夏季,杨家沟与董庄沟枯落物的有效拦蓄量差异显著,而有效拦蓄率差异不显著;两流域枯落物对夏季降雨径流不同的调蓄能力主要是由蓄积量不同引起的。

#### 5.2.3.7　有效拦蓄水深的对比

根据式(5-8)计算各类枯落物样品的有效拦蓄水深。杨家沟 2016 年 4 月与 11 月枯落物有效拦蓄水深分别为 1.68 mm、2.03 mm,董庄沟分别为 1.37 mm、1.59 mm,11 月均显著高于 4 月($P<0.05$);两流域相比前者始终高于后者,且 11 月差异显著($P<0.05$)。

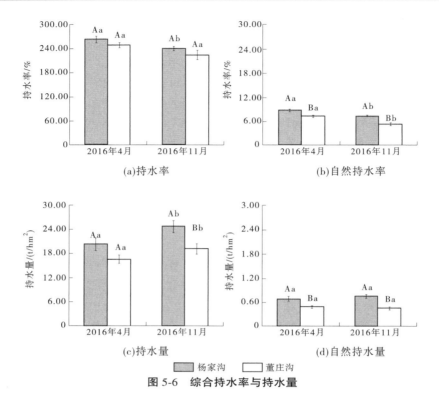

图 5-6 综合持水率与持水量

## 5.2.4 对枯落物蓄水过程的影响研究

枯落物对降雨径流的调蓄效用不仅取决于其蓄水能力,还受到持水过程与吸水速率的影响。当降雨强度小于枯落物吸水速率时,枯落物覆被区域雨水既不会入渗土壤,更不会产汇流。枯落物吸水速率愈大,单位时间吸蓄雨水愈多,对降雨径流的调蓄愈明显。当降雨强度高于枯落物的吸水速率时,即使枯落物尚未达到蓄满饱和,降雨仍会穿透枯落物入渗土壤甚至在枯落物与土壤的交接面上形成径流,但降雨穿透枯落物产流的速度与能力受到其穿透枯落物的速度影响,而枯落物种类、数量、厚度、集聚密度等是决定雨水穿透枯落物到达土表快慢的重要因素。

### 5.2.4.1 对持水过程的影响

根据浸泡试验测出两流域 2016 年 4 月与 11 月枯落物不同浸泡时间的持水量,根据样点平均值绘制各流域不同分解层枯落物的持水过程(见图 5-7)。由图 5-7 可知,不同流域各枯落物分解层累计持水量随浸泡时长增加呈增加趋势,前 6 h 增加迅速,后增速变缓,最后基本上保持稳定;其中 1 h、6 h 是两个时间拐点,前 1 h 增速迅猛,累计持水量急速达到饱和持水量的 72.91%~88.55%;1~6 h 增速明显,此时段内累计持水量进一步提高到饱和持水量的 92.12%~99.76%;6 h 后累计持水量随浸泡时长增加变化空间不大。浸泡过程中,杨家沟单位质量不同分解程度枯落物相同时段的累计持水量相比:未分解层>完全半分解层>完全分解层,未分解与半分解枯落物最接近,累计持水量与最大持水量大小顺序相同,各类枯落物的累计持水量差距随浸泡时程有扩大趋势;浸泡 6 h 后未分解层与半分解层相同时段的累计持水量仍相差微弱,而浸泡 1 h 后未分解层、半分解层与分解层相同时段的累计持水量已相差很大;枯落物累计持水量达到饱和的先后顺序为完全分解、半分解、未分解层。董庄沟枯落物累计持水量大小顺序为半分解层>未分解层>完全分解层,浸泡过程中累计持水量达到饱和的先后顺序与之相反,未分解层与完全分解层、半分解层与完全分解层累计持水量间的差距有扩大趋势,未分解层与半分解层的差距先减小后增大。浸泡中,前 6 h 两流域枯落物累计持水量对比高低变化剧烈,后逐渐稳定,相同时段未分解层杨家沟>董庄沟、半分解层与完全分解层杨家沟<董庄沟。2016 年 4 月与 11 月的样品相比,相同时段的累计持水量前者大于后者,随浸泡时间延长杨家沟两个月样品的持水量不断接近,董庄沟前 6 h 两个月样品的持水量差距大于其后,说明荒草地流域 4 月枯落物特别是未分解、半分解层枯落物能较快吸水至饱和。

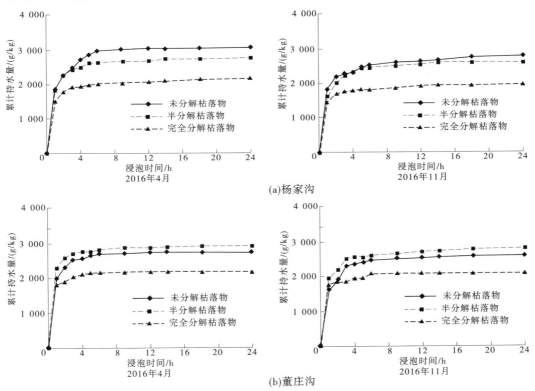

图 5-7    不同枯落物的持水过程

## 5.2.4.2    对吸水速率的影响

吸水速率也是枯落物持水性能的重要指标。枯落物的吸水速率愈大,含蓄降雨的速度愈快,削减径流的效果愈好,水土保持的效用愈显著。通过浸泡试验获得枯落物不同时点的持水量,根据持水量计算其不同时段的吸水速率[g/(kg·h)],为方便与降雨、径流相比较,再通过蓄存量指标将单位质量枯落物的吸水速度换算为单位面积上蓄存枯落物能够吸持雨水的深度,即以持水深表示吸水速率(mm/h),最后绘制不同分解程度枯落物的吸水速率变化图,并拟合吸水速率与浸泡时间的函数关系式(见图 5-8)。两流域枯落物各组分的吸水速率与浸泡时间均呈显著的幂函数关系,$R^2$ 均大于 0.97,数学表达式具体见式(5-9)。

$$y = Ax^B \tag{5-9}$$

式中:$y$ 为枯落物的吸水速率,mm/h;$x$ 为枯落物的浸水时长,h;$A$ 与 $B$ 为常数。

对杨家沟与董庄沟 4 月与 11 月各枯落物组分的吸水速率进行幂函数模拟,$A$ 值均在 $0.27 \sim 0.90$,$B$ 值均在 $-0.96 \sim -0.87$。

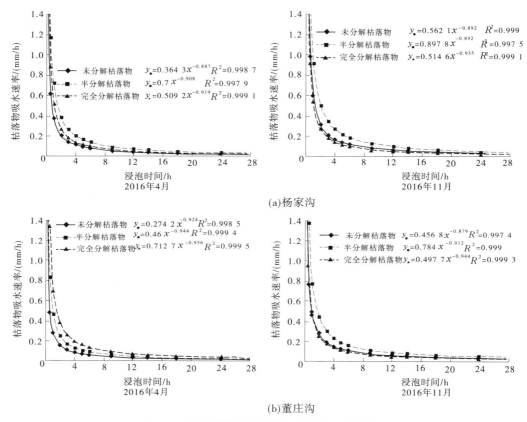

图 5-8　不同枯落物吸水速率与浸泡时间的关系

由图 5-8 可知,与累计持水量相比,两个流域各样次相应枯落物的吸水速率随浸泡时长的变化趋势相反,浸水初期吸水速率最高,随浸泡时间增加不断下降至接近零,降速先急后缓。经两流域枯落物不同层次吸水速率的对比发现:4 月样品在 24 h 浸泡过程中杨家沟同时段吸水速率大小依次为半分解、完全分解、未分解枯落物,董庄沟依次为完全分解、半分解、未分解枯落物;11 月杨家沟同时段吸水速率大小依次为半分解、未分解、完全分解枯落物,董庄沟 1 h 内依次为半分解、完全分解、未分解枯落物,其后分解层枯落物的吸水速率被未分解层反超,说明浸泡初期分解层枯落物吸水速率下降速度超过未分解层。2016 年 4 月杨家沟、董庄沟枯落物初始吸水速率(前 0.5 h 平均吸水速率)分别为 2.68 mm/h、2.64 mm/h,前 2 h 平均吸水速率分别为 0.87 mm/h、0.77 mm/h,前 6 h 平均吸水速率分别为 0.33 mm/h、0.27 mm/h,浸泡 24 h 平均吸水速率分别为 0.08 mm/h、0.07

mm/h,浸泡过程中枯落物吸水速率始终前者>后者,两者差距先扩大后缩小,浸泡 1 h 时差距最大(1.62 mm/h、1.44 mm/h)。11 月两流域浸泡 0.5 h、1 h、2 h、6 h、24 h 平均吸水速率依次为 3.37 mm/h、3.10 mm/h;2.04 mm/h、1.72 mm/h;1.09 mm/h、0.97 mm/h;0.40 mm/h、0.35 mm/h;0.11 mm/h、0.09 mm/h;仍然是杨家沟吸水速率较大,两流域差距先扩大后缩小,最大差距出现在浸泡 1 h 时。这说明各样次枯落物浸泡过程中杨家沟的吸水速率高于董庄沟,单位降雨时间内同等雨强条件下杨家沟比董庄沟能够吸持更多的雨水,而这种优越的降雨拦蓄能力在降雨前 1 h 内最为明显。

## 5.3　小　结

本章通过实地调查与浸水试验研究人工林建设小流域杨家沟与封禁荒草地小流域董庄沟的枯落物结构、蓄存及其降雨拦蓄能力,并通过流域对比分析不同植被措施影响下流域枯落物降雨径流调蓄能力的差异。研究结论如下:

(1)经过 60 年的生态恢复,杨家沟与董庄沟枯落物平均厚度分别为 4.03 cm、1.96 cm,前者显著高于后者($P<0.05$);4 月杨家沟枯落物平均蓄积量 7.75 t/hm²,未分解、半分解、完全分解部分的占比分别为 22.31%、39.19%、38.50%;董庄沟 6.68 t/hm²,各部分比例分别为 18.21%、27.41%、54.38%,前者较高。11 月两流域枯落物平均蓄积量分别为 10.29 t/hm²、8.59 t/hm²,前者显著高于后者,其中半分解枯落物均最多。总体上,枯落物蓄存量杨家沟大于董庄沟、11 月大于 4 月,前者枯落物腐解及向土壤迁移、归还的速度更快,后者存在枯落物流失。

(2)试验结果表明,杨家沟与董庄沟不同时点、不同分解程度的枯落物的持水率各不相同;杨家沟枯落物持水率随分解程度下降,董庄沟半分解枯落物的持水率最高、完全分解枯落物的最小;两流域两个月的枯落物持水率分别为 262.39%、239.73% 与 247.87%、223.94%,前者始终高于后者,但差异不显著($P<0.05$)。两流域 4 月与 11 月枯落物的有效拦蓄率分别是 215.70%、197.62% 与 204.58%、185.91%,有效拦蓄量分别为 16.77 t/hm²、20.31 t/hm² 与 13.72 t/hm²、15.88 t/hm²,有效拦蓄水深分别为 1.68 mm、2.03 mm 与 1.37 mm、1.59 mm。两流域枯落物对汛期降雨径流调蓄能力的显著差异主要来源于蓄积量的显著差异。

(3)杨家沟、董庄沟 4 月枯落物浸泡 0.5 h、2 h、6 h、24 h 的平均吸水速率分别为 2.68 mm/h、2.64 mm/h, 0.87 mm/h、0.77 mm/h, 0.33 mm/h、0.27 mm/h、0.08 mm/h、0.07 mm/h;11 月两流域浸泡 0.5 h、1 h、2 h、6 h、24 h 的 平均吸水速率分别为 3.37 mm/h、3.10 mm/h、2.04 mm/h、1.72 mm/h、1.09 mm/h、0.97 mm/h、0.40 mm/h、0.35 mm/h、0.11 mm/h、0.09 mm/h;两者枯落物各组分的吸水速率与浸泡时间均呈显著的幂函数关系,浸水初期吸水速率最高,随浸泡时间增加不断下降至接近零,降速先急后缓;各样次枯落物浸泡过程中前者吸水速率始终较高,但两者吸水速率的差距先扩大后缩小,浸泡 1 h 时差距最大。这说明降雨初期枯落物的降雨径流调蓄速度最高,随降雨时长增加枯落物的降雨径流调蓄速度与调蓄容量不断下降;单位降雨时间内同等雨强条件下杨家沟枯落物比董庄沟能够吸持更多的雨水,降雨 1 h 内前者的降雨拦蓄优势最明显。

# 第6章　植被建设影响下土壤水文特性的对比分析

杨家沟与董庄沟作为自然条件极为相似的对比小流域,受不同的土地利用影响,植被景观产生了巨大的差异。土壤是自然、历史综合体,经过半个世纪的差异化生态治理,两个流域的土壤特别是浅表层土壤是否产生明显的差异?在两个流域对照取样、室内测试与分析的基础上依次对比分析了两者的土壤容重、孔隙度、有机质、质地、饱和导水率与水分特征曲线等水文指标。

## 6.1　采样与试验设计

### 6.1.1　采样方法

在研究流域杨家沟的上、中、下游分别选择一组半阴坡(东坡,45°~135°)与半阳坡(西坡,225°~315°),坡度35°~40°,坡长25~30 m,海拔1 150~1 250 m。为保证研究流域与对照流域各土壤指标的可比性,杨家沟典型坡面确定后,根据其典型坡面的区位、坡向、坡度、坡长、海拔在对照流域董庄沟一一确定其对照坡面。然后在两流域典型坡面的上、中、下坡位各确定一个样点采集土壤样品。

2016年4月在杨家沟与董庄沟挖60 cm深土壤剖面,分层(20 cm)3次重复采样,共取得324个原状环刀样依次测土壤容重、孔隙度、饱和导水率($K_s$)与水分特征曲线,并取得324个一般土壤样供测试有机质含量、机械组成。

### 6.1.2　试验方法

把各土壤样品带回实验室测试,结果取测试平均值。土壤含水量采用烘干法测定,土壤容重、孔隙度采用环刀法测定,土壤有机质(soil organic matter,SOM)采用重铬酸钾氧化-外加热法测定,采用激光粒度仪(Mastersizer 2000,Malvern Instruments Co. ,UK)测定土壤机械组成,按照美国制标准进行粒径分级。其他测试方法如下。

#### 6.1.2.1　饱和导水率的测定

饱和导水率采用定水头法测定,测定装置见图6-1。将采过原状土的100 cm环刀上再对接一个空环刀,中间固定密封,然后将带土环刀朝下置于容器中以略高于土柱上表面的水量浸泡、排气、饱和后,用马氏瓶控制一定高度的水头通过导水管给固定到三角架上的带土环刀进行稳定水头供水,在土柱下端用量杯接其中渗出水样并每隔5 min测重一次,直到每次通过水柱的下渗水量保持稳定,将此状态下的导水率作为饱和导水率。饱和导水率计算公式如下:

$$K_s = \frac{QL}{At\Delta H} \tag{6-1}$$

式中:$K_s$ 为饱和导水率,mm/min;$Q$ 为出流量,mm³;$L$ 为土柱高,mm,本试验土柱高是 50 mm;$\Delta H$ 为水头差,mm;$t$ 为出流时间,min;$A$ 为土柱的横截面面积,即环刀横截面面积,mm²。

图 6-1　土壤饱和导水率测定装置

#### 6.1.2.2　水分特征曲线的测定

使用日本 HITACHI 公司生产的 CR21G 高速恒温冷冻离心机分别测试各个样品的水分特征曲线,测定吸力范围为 1～1 000 kPa。在测试各基质势水平土壤含水量的基础上通过 VG(Van Genuchten)模型进行土壤水分特征曲线各参数的模拟。具体如下:

运用 RETC 软件,以体积含水量与相应的土壤负压值作为变量拟合得到各地类的 Van Genuchten 水分特征曲线模型参数($\theta_r$、$\theta_s$、$\alpha$ 和 $n$),借助模型参数定量分析各水分特征曲线的差异。VG 模型表达式(Genuchten et al.,1980)为

$$\theta(h) = \begin{cases} \theta_r + \dfrac{\theta_s - \theta_r}{[1 + |\alpha h|^n]^m} & h < 0 \\ \theta_s & h \geq 0 \end{cases} \tag{6-2}$$

式中:$\theta_s$ 为饱和含水量,cm³/cm³;$\theta_r$ 为凋萎含水量,cm³/cm³;$h$ 为负压(cmH₂O),取正值;$\theta$ 为体积含水量,cm³/cm³;$\alpha$ 为模型参数,其倒数是近气值 $S_a$,即 $S_a = 1/\alpha$;$m$、$n$ 为形状参数,与土壤孔径分布有关,$m = 1 - 1/n$,由土壤的性质确定。

#### 6.1.2.3　比水容量的计算

对基质势求导得出比水容量的计算公式(陈俊英 等,2018):

$$C(h) = -\frac{\mathrm{d}\theta}{\mathrm{d}|h|} = \frac{(\theta_s - \theta_r) mn | \alpha h |^{n-1}}{[1 + | \alpha h |^n]^{m+1}} \tag{6-3}$$

式中:$C(h)$为比水容量;其余参数的意义同前。

### 6.1.3　数据处理与统计分析

采用 Excel2010 进行数据整理,通过 SPSS18.0 进行数据的描述性统计及聚类、对比、回归与相关分析,使用 Origin9.0 制图。

## 6.2　土壤水文相关指标的变化分析

### 6.2.1　土壤容重

杨家沟土壤容重为 0.99~1.61 g/cm³,平均值为 1.24±0.12 g/cm³,变异系数 9.67%;董庄沟土壤容重为 1.03~1.54 g/cm³,平均值为 1.21±0.11 g/cm³,变异系数 8.91%。两流域土壤容重差异不显著($P<0.05$),同属弱变异(见图 6-2)。两者东、西坡土壤容重分别为 1.25 g/cm³、1.23 g/cm³,1.22 g/cm³、1.20 g/cm³;东坡均微高于西坡,前者均略高于后者,但各流域不同坡向及各坡向不同流域间差异均不显著($P<0.05$)。杨家沟坡下、坡中、坡上土壤容重同为 1.24 g/cm³;董庄沟坡下、坡中、坡上土壤容重依次为 1.20 g/cm³、1.22 g/cm³、1.21 g/cm³,坡下<坡上<坡中,不同坡位间差异不显著($P<0.05$);各坡位前者>后者,两者差异亦不显著($P<0.05$),但相较而言坡下差异最大,坡中最小。杨家沟上、中、下游土壤容重依次为 1.28 g/cm³、1.26 g/cm³、1.19 g/cm³,董庄沟上、中、下游土壤容重依次为 1.24 g/cm³、1.18 g/cm³、1.22 g/cm³;前者沿流域走向不断下降,区段间差异显著($P<0.05$);后者上游>下游>中游,区段间差异不显著($P<0.05$);两流域各区段比较,上游、中游前者较高,下游后者较高,中游差异显著($P<0.05$)。杨家沟、董庄沟 0~20 cm、20~40 cm、40~60 cm 土层土壤容重分别为 1.19 g/cm³、1.23 g/cm³、1.30 g/cm³ 与 1.13 g/cm³、1.23 g/cm³、1.27 g/cm³,均是由浅至深不断增大,土层间差异显著($P<0.05$);但两流域各土层相比,差异均不显著($P<0.05$),浅层相等,表层差异最大(黄艳丽 等,2019)。

### 6.2.2　土壤孔隙度

土壤孔隙是水分运动和储存的场所,是影响土壤渗透性能、决定地表产流量和产流时间的关键因素。土壤的孔隙状况用土壤孔隙度描述,土壤孔隙度是指土壤中孔隙体积与土壤总体积的比。土壤孔隙度是重要的土壤物理性质,综合反映了土壤的质地、结构与外力压挤作用,是土壤透水性与蓄水性的指征,包括总孔隙度、毛管孔隙度与非毛管孔隙度 3 个具体指标,一般把总孔隙度作为土壤紧实度的指标(曹国栋 等,2013),把毛管孔隙度作为土壤蓄水性能的指标,而把非毛管空隙度作为土壤透水性与水源涵养能力的指标。对于农业耕作、植物用水来说,一定水平的毛管孔隙度是必须的;而一定数量的非毛管孔隙度却宜于雨水下渗补充土壤与地下水,抑制降雨径流,在减少水土流失的同时提高地域或流域水源涵养能力。

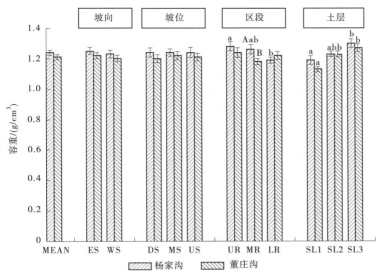

ES—东坡;WS—西坡;DS—坡下;MS—坡中;US—坡上;UR—上游;MR—中游;LR—下游;
SL1—0~20 cm 土层;SL2—0~20 cm 土层;SL3—0~20 cm 土层。

**图 6-2　土壤容重的流域对比**

通过两流域的对照采样,采用环刀法测定了杨家沟与董庄沟的土壤总孔隙度、毛管孔隙度与非毛管孔隙度。总孔隙度的统计特征值见表 6-1。

**表 6-1　流域土壤孔隙度及其统计特征值**

| 流域 | 均值/% | 中值/% | 均值的标准误 | 极小值/% | 极大值/% | 全距/% | 标准差 | 峰度 | 偏度 |
|---|---|---|---|---|---|---|---|---|---|
| 杨家沟 | 54.23 | 54.48 | 0.01 | 43.40 | 62.64 | 19.25 | 0.04 | 1.26 | -0.77 |
| 董庄沟 | 55.28 | 56.17 | 0.01 | 43.40 | 64.61 | 21.21 | 0.04 | 0.95 | -0.62 |
| 总计 | 54.75 | 55.12 | 0 | 43.40 | 64.61 | 21.21 | 0.04 | 1.03 | -0.68 |

杨家沟土壤孔隙度平均值为 54.23%,变异系数 7.31%;董庄沟平均值 55.28%,变异系数 6.98%;两者差异不显著,同属弱变异。据研究,总孔隙度保持 50% 左右的土壤,透气与持水性能良好,因此杨家沟与董庄沟土壤的透气与持水性能均较好。两者中值都大于均值,说明土壤孔隙度在均值以下分布的数量较小,大多分布在均值以上。两流域土壤孔隙度极小值同为 43.40%,极大值与均值分布范围董庄沟>杨家沟,说明后者总孔隙度的变化幅度较大。杨家沟土壤总孔隙度均值分布峰度大于董庄沟,且两者均大于 0,同属尖峰态,杨家沟分布更陡峭,说明两流域土壤孔隙度变化范围不大。两流域均值分布偏度系数均小于 0,杨家沟相对更小,同属左偏分布,均值右侧都存在较大的离群土壤孔隙度,董庄沟离群程度更大。具体空间分布及其对比见图 6-3。

杨家沟东坡与西坡土壤总孔隙度分别为 53.86% 与 54.59%,董庄沟分别为 54.75% 与 55.81%,两流域均是西坡稍高,但各坡向同是前者<后者。杨家沟各坡位土壤孔隙度大小依次为坡中(54.53%)>坡下(54.18%)>坡上(53.96%),董庄沟依次为坡下(55.80%)>坡上(55.39%)>坡中(54.65%);两流域各坡位相比均是前者<后者,但差异

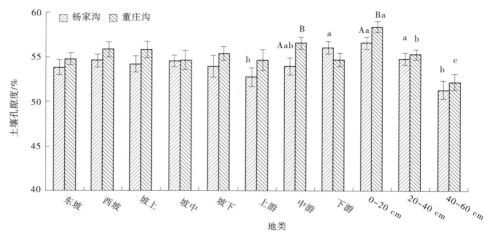

图 6-3　土壤孔隙度的流域对比

不明显。杨家沟与董庄沟上游、中游、下游土壤孔隙度分别为 52.71%、53.92%、56.05%、54.62%、56.54%、54.68%;前者下游显著高于上游,后者中游最高、上游最小,但各区段孔隙度差异不显著;两流域相比,中游孔隙度差异显著,上游与下游差异不显著。杨家沟与董庄沟表层(0~20 cm)、浅层(20~40 cm)、深层(40~60 cm)土壤孔隙度分别为 56.56%、54.77%、51.35%,58.39%、55.23%、52.22%,0~60 cm 土深内由土表向下孔隙度均是不断下降,杨家沟<董庄沟;前者表层与浅层显著高于深层,后者各土层间差异均显著,其中两流域表层孔隙度差异显著。

　　以上说明杨家沟与董庄沟土壤孔隙度总体上没有显著差异,但中游与表层差异显著;流域内各土地类型相比,坡向与坡位对土壤孔隙度的影响不明显,杨家沟沿流域走向下游土壤孔隙度有显著增大,杨家沟与董庄沟土壤孔隙度受土壤深度的影响都比较明显,由土表向下深层孔隙度有显著下降。杨家沟总孔隙度略低于董庄沟,毛管孔隙度高于董庄沟,非毛管孔隙度低于董庄沟,由此可能造成饱和导水率较低。

## 6.2.3　土壤有机质对比分析

　　杨家沟 60 cm 土深内土壤有机质(SOM)含量范围为 1.63~44.37 g/kg,平均值为 12.78±9.21 g/kg,变异系数 72.04%;董庄沟 SOM 含量范围为 1.75~34.00 g/kg,平均值为 11.13±8.07 g/kg,变异系数 72.49%;前者均值是后者的 1.15 倍,但差异不显著($P<0.05$),两者同属中等变异。具体分布及对比见图 6-4。

　　土壤有机质东坡>西坡,杨家沟东坡是西坡的 1.27 倍,董庄沟仅是 1.11 倍;前者东坡 SOM 是后者的 1.22 倍,西坡仅是 1.07 倍,东坡流域间差异大于西坡。可见,杨家沟东坡 SOM 积累优势更明显。

　　杨家沟坡上、坡中、坡下有机质含量依次为 10.32 g/kg、12.64 g/kg、15.37 g/kg,沿坡面向下不断增大,先后增加了流域均值的 18.13% 与 21.36%;董庄沟有机质坡下>坡上>坡中,上半坡减少了流域均值的 10.28%,下半坡增加了流域均值的 17.76%。两流域相比,前者坡下、坡中分别是后者的 1.27 倍、1.25 倍,而坡上仅是后者的 91.94%。

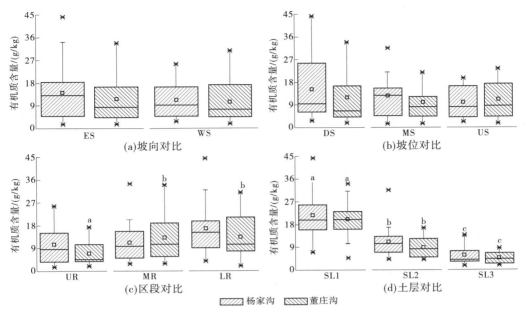

图 6-4　土壤有机质的流域对比

杨家沟上游、中游、下游有机质依次为 10.48 g/kg、11.23 g/kg、16.63 g/kg;董庄沟依次为 6.95 g/kg、13.01 g/kg、13.42 g/kg,各区段差异显著($P<0.05$)。两流域有机质含量均沿流域走向不断增加,但变化过程相反:前者上游—中游、中游—下游分别增加了其流域均值的 5.60% 与 42.24%,后半程增速是前半程的 7 倍多;后者两阶段增速分别为 54.48% 与 3.65%,前半程增速是后半程的近 15 倍。杨家沟沿流域向下各区段有机质分别是董庄沟的 1.51 倍、0.86 倍、1.24 倍,前者上游优势明显,后者中游高于前者。

杨家沟与董庄沟由土表向下各土层有机质分别为 21.52 g/kg、11.16 g/kg、5.65 g/kg 与 19.93 g/kg、8.84 g/kg、4.61 g/kg,垂向分布不断减小,不同土层差异显著($P<0.05$);两流域各层有机质含量分别占其剖面总含量的 56.14%、29.12%、14.74%,59.72%、26.48%、13.80%,表聚效应明显。前者各层有机质分别是后者的 1.08 倍、1.26 倍与 1.23 倍,两者表层有机质相当,浅层与深层差异较大。综上所述,杨家沟的有机质积累更多、更深、更快(黄艳丽 等,2019)。

## 6.2.4　土壤质地对比分析

### 6.2.4.1　机械组成对比

杨家沟黏粒、粉粒、砂粒含量平均值分别为 19.24±3.02%、68.35±2.54%、12.41±4.03%,董庄沟分别为 18.21±2.83%、68.92±2.18%、12.87±4.49%,两流域各组成差异均不显著(独立样本 T 检验,$P<0.05$)。根据土壤机械组成,两流域土壤质地均属于粉(砂)壤土。前者各组成的变异系数分别为 16.91%、3.72%、32.48%,后者分别为 15.52%、3.16%、36.21%;两者除粉粒为弱变异外,黏粒与砂粒均属中等变异,但黏粒变异程度小于砂粒;杨家沟黏粒与粉粒变异程度稍高于董庄沟,但后者砂粒变异程度高于前者。

杨家沟和董庄沟东、西坡黏粒、粉粒、砂粒含量平均值分别为 18.12%、69.03%、12.85%，20.37%、67.66%、11.97%；19.14%、68.61%、11.45%，17.27%、69.39%、13.34%。前者黏粒、粉粒含量东、西坡差异显著，后者仅黏粒含量差异显著(独立样本 T 检验，$P<0.05$)；前者黏粒含量东坡<西坡，粉粒、砂粒含量东坡>西坡，后者各组成对比情况恰与前者相反。同一坡向不同流域土壤机械组成比较，仅西坡黏粒、粉粒含量差异显著($P<0.05$)；东坡黏粒含量杨家沟小于董庄沟，粉粒、砂粒含量杨家沟大于董庄沟；西坡各组成对比情况与东坡相反。

杨家沟和董庄沟坡下、坡中、坡下的黏粒、粉粒、砂粒含量平均值分别为 18.85%、68.30%、12.85%，19.59%、68.25%、12.16%，19.28%、68.50%、12.21%；18.13%、68.49%、12.91%，18.24%、69.32%、11.70%，18.24 %、69.19%、12.57%。不同坡位土壤机械组成对比，两流域差异均不显著($P<0.05$)。同一坡位两流域土壤机械组成对比，黏粒含量前者微高于后者；粉粒含量后者微高于前者；砂粒含量前者坡中较高，后者坡下、坡上较高。

杨家沟和董庄沟上游、中游、下游的黏粒、粉粒、砂粒含量平均值分别为 21.76%、68.16%、10.08%，19.24%、68.36%、12.39%，16.73%、68.52%、14.75%；20.19%、68.80%、9.82%，17.27%、69.28%、13.45%，17.15%、68.93%、13.92%。不同区段土壤机械组成对比，两流域黏粒、砂粒含量差异均显著(ANOVA，$P<0.05$)，且黏粒含量上游>中游>下游，砂粒含量下游>中游>上游。同一区段杨家沟与董庄沟土壤机械组成对比，上游与中游黏粒含量前者均显著高于后者($P<0.05$)，下游后者略高于前者；粉粒含量后者各坡位均高于后者；砂粒含量坡下、坡上前者较高，坡中后者较高。

杨家沟和董庄沟 0~20 cm、20~40 cm、40~60 cm 土层的黏粒、粉粒、砂粒含量平均值分别为 18.07%、66.69%、15.24%，19.76%、68.40%、11.84%，19.90%、69.96%、10.14%；16.87%、66.99%、15.41%，17.91%、69.77%、11.54%，19.84%、70.25%、10.24%。不同土层土壤机械组成对比，前者粉粒、砂粒含量差异显著，后者各组成差异均显著(ANOVA，$P<0.05$)；由土表向下至 60 cm 土深，两流域均是黏粒含量不断增大，粉粒、砂粒含量不断减小。同一土层杨家沟与董庄沟土壤机械组成对比，仅浅层(20~40 cm)粉粒含量差异显著($P<0.05$)；各土层黏粒含量前者略高于后者，粉粒含量后者略高于前者，砂粒含量前者浅层较高，后者表层、深层较高。

### 6.2.4.2 $d_{0.5}$ 对比

由 $d_{0.5}$ 指标综合评定流域土壤颗粒大小，杨家沟、董庄沟分别为 17.59±3.02 μm、18.31±2.83 μm，两流域差异不显著(独立样本 T 检验，$P<0.05$)。两者变异系数分别为 17.16%、15.44%，均属中等变异。杨家沟、董庄沟东、西坡 $d_{0.5}$ 分别为 18.45 μm、16.73 μm，17.49 μm、19.13 μm；两者坡向间差异均显著(独立样本 T 检验，$P<0.05$)，前者东坡>西坡，后者相反；西坡 $d_{0.5}$ 两流域相比差异显著(独立样本 T 检验，$P<0.05$)，前者<后者，东坡前者>后者。杨家沟和董庄沟的坡下、坡中、坡上 $d_{0.5}$ 分别为 17.80 μm、17.27 μm、17.70 μm，18.41 μm、18.21 μm、18.30 μm；各流域不同坡位与各坡位不同流域 $d_{0.5}$ 相比，差异均不显著(独立样本 T 检验、ANOVA，$P<0.05$)，但两流域均是坡下>坡上>坡中，各坡位前者<后者。杨家沟、董庄沟的上游、中游、下游 $d_{0.5}$ 分别为 15.49 μm、17.47 μm、19.81 μm，16.62 μm、19.15 μm、19.16 μm；前者各区段 $d_{0.5}$ 差异显著，后者上游与中

游、下游差异显著,两者 $d_{0.5}$ 均是沿流域走向不断增大;各区段 $d_{0.5}$ 两流域差距均不显著,除下游前者>后者外,上游与中游均是后者较大。杨家沟、董庄沟 0~20 cm、20~40 cm、40~60 cm 土层 $d_{0.5}$ 分别为 18.67 μm、17.42 μm、16.68 μm、19.81 μm、18.46 μm、16.66 μm;各流域不同土层 $d_{0.5}$ 相比,前者差异不显著,后者土壤表层、浅层与深层差异显著(ANOVA,$P<0.05$),两流域均是由表层向下至 60 cm 土深各土层 $d_{0.5}$ 不断减小;各土层两流域 $d_{0.5}$ 差异不显著($P<0.05$),表层与浅层前者<后者,深层前者较大。

## 6.3　土壤水力学特性的变化分析

土壤水力性质是评估降水入渗、径流发生、土壤水分运动和溶质运移以及土体可蚀性的重要参数,是影响流域水文模型的重要因素(白一茹 等,2015)。准确获取土壤水分运动参数是模拟和预测土壤中水分运动过程,从而对土壤水分利用进行有效调控的关键。研究小流域尺度土壤水力性质的时空动态特征,对于以小流域为基本单元的黄土高原综合治理具有直接意义,有助于加深对相关生态水文过程的理解(傅子洹 等,2015),为改善土壤结构和水土流失状况提供帮助。土壤水分特征曲线和饱和导水率作为最基本的水力特性,影响入渗、径流及蒸发三者的分配关系,是土壤水动力学研究中的重要参数,是获取其他水分运动参数(例如非饱和导水率、比水容量和土壤水分扩散系数等)的必需指标,易受土壤容重、质地、土壤结构、有机质含量等诸多因素的影响(王红兰 等,2018)。

### 6.3.1　土壤饱和导水率($K_s$)对比研究

$K_s$ 反映了土壤的入渗和渗漏性质,是研究水分、溶质在土壤中运动规律时的重要指标,是影响水分入渗和在土壤中再分布等水文过程的主要因素之一。饱和导水率反映土壤特性,对特定土壤往往可以看作常数(廖凯华 等,2009),是定量研究、模拟预报土壤水分过程的重要参数,在土壤水文学和土壤侵蚀力学中有重要地位。

$K_s$ 受到土壤质地、容重、结构、温度、pH、孔隙分布以及有机质含量等众多因素的影响(刘秀花 等,2016;刘目兴 等,2016)。Sauer 等(2002)提出土壤饱和导水率随砂粒或碎石含量的增加而增加;Suarez 等(1982)指出 pH 对土壤饱和导水率的影响与土壤中有机碳含量有关;Philippe 等(1990)发现细砂质土壤中的好氧细菌使 $K_s$ 大幅度降低;Jiang 等(2013)的研究认为土壤结构性是影响 $K_s$ 的重要因素,其中土壤团聚体平均重量直径的影响显著。$K_s$ 随土壤温度升高而增大(刘思春 等),2000),易受季节变化的影响(Hu et al.,2012);土地类型、取样深度、样地所处气候区等也是影响土壤 $K_s$ 的因素。大量学者的研究结果表明,土壤孔隙是 $K_s$ 的重要影响因素:Helalia 等(1993)认为有效孔隙率与稳渗率相关性明显,勃海锋认为土壤孔隙尤其是活性孔隙的增加是土壤渗透性能提高的主要原因(勃海锋 等,2007);余新晓 等(2003)指出土壤入渗能力的大小与它的毛管和非毛管孔隙度密切相关;陈风琴 等(2005)认为大孔隙特别是半径大于 0.1 cm 的大孔隙体积影响 $K_s$ 的变化;秦耀东 等(1998)指出,大孔隙变异是土壤导水率变异的主要原因。而土壤容重可以反映出土壤中孔隙的数量、大小即土壤的密实程度,土壤容重越小、孔隙含量越高,入渗能力就越强、水分通量越大(赵勇钢 等,2008)。一般而言,森林土壤的入渗率大于其他土地利用类型,因为其具有较大的孔隙度,特别是非毛管孔隙度,从而增大了土壤的入渗能力。彭舜磊 等(2010)的研究结果表明,有机质对 $K_s$ 的作用具有阶段性,一定范围内 $K_s$ 随土壤有机质含量增加而增加,但超过了这一范围,$K_s$ 随有机质含量的进一步增加开始下降,此时有机质对土壤水分的吸附作用取代前期增加孔隙度的导水作用成为主导作用。因此,$K_s$ 与土壤容重呈显著负相关($P<0.05$)(张湘潭 等,2014),随着容重的增大,$K_s$ 迅速下降(王小彬 等,1996)。张湘潭等(2014)认为 $K_s$ 随土壤深度增加而减小,阳坡 $K_s$ 及其变异程度高于阴坡,沿坡长方向,$K_s$ 从坡顶到坡底呈增大趋势;而郑纪勇等(2004)的研究结果表明,$K_s$ 沿坡面呈波动状变化,波动强度从坡上到坡中、坡下逐渐降低,波动强度依次降低的原因可能与径流产生时上方沙在下部淤积有关;$K_s$ 的最大值和最小值均产生在坡上位,坡中位平均值最低。

#### 6.3.1.1　流域 $K_s$ 统计特征对比

2016 年 6 月 28 日至 7 月 12 日共测试了 2016 年 5 月于杨家沟、董庄沟取来的 324(108×3)个原状土壤样品的 $K_s$,测试结果见表 6-2。总体来讲,杨家沟 10 ℃的 $K_s$ 平均值为 0.43 mm/min,稍低于董庄沟(0.44 mm/min),两者没有显著差异;但杨家沟中值 0.28 mm/min,大于董庄沟(0.20 mm/min),说明 0~60 cm 剖面范围内前者多数样品 $K_s$ 高于后者;两流域 $K_s$ 的峰度均>0,均是尖峰型分布曲线,但董庄沟分布更陡峭;两者偏度均大于0,仍然是董庄沟较大,说明两流域均是右偏分布,饱和导水率分布曲线的长尾拖在右边,均值左侧存在较小 $K_s$ 离群;因此,董庄沟极大值较大,极小值较小,相对来讲,$K_s$ 变化范围更大,空间稳定性较差。结合极值、偏度、标准差等统计特征值分析,董庄沟 $K_s$ 变程大,峰度与偏度也较大,说明其空间变异强。

表 6-2　流域土壤饱和导水率及其统计特征值

| 流域 | N | 均值/<br>(mm/min) | 中值/<br>(mm/min) | 均值的<br>标准误 | 极小值/<br>(mm/min) | 极大值/<br>(mm/min) | 标准差 | 峰度 | 偏度 |
|---|---|---|---|---|---|---|---|---|---|
| 杨家沟 | 162 | 0.43 | 0.28 | 0.06 | 0.05 | 1.81 | 0.41 | 2.34 | 1.71 |
| 董庄沟 | 162 | 0.44 | 0.20 | 0.08 | 0.01 | 2.38 | 0.55 | 3.72 | 2.05 |
| 总计 | 324 | 0.43 | 0.24 | 0.05 | 0.01 | 2.38 | 0.48 | 3.80 | 2.00 |

#### 6.3.1.2　不同地类 $K_s$ 的对比分析

两流域各土地类型 $K_s$ 见图 6-5。杨家沟东坡与西坡 $K_s$ 分别为 0.41 mm/min 与 0.45 mm/min,董庄沟分别为 0.42 mm/min 与 0.46 mm/min;各坡向 $K_s$ 前者<后者,两流域 $K_s$ 东坡<西坡。杨家沟坡上、坡中、坡下 $K_s$ 分别为 0.44 mm/min、0.39 mm/min、0.45 mm/min,坡下>坡上>坡中,坡位间无显著差异;董庄沟分别为 0.36 mm/min、0.35 mm/min、0.61 mm/min,同样各坡位间没有显著差异,坡下位最高,但坡中位最小;两流域相比,前者坡上与坡中位较高,坡下位较小,但各坡位流域间差异均不显著。杨家沟各区段 $K_s$ 大小依次为中游(0.48 mm/min)>下游(0.44 mm/min)>上游(0.35 mm/min),董庄沟各区段大小依次为下游(0.47 mm/min)>中游(0.44 mm/min)>上游(0.41 mm/min),两流域内各区段无显著差异;两流域相比,前者中游较高,后者上游与下游较高。杨家沟

0~60 cm 土深由上向下各土层 $K_s$ 分别为 0.33 mm/min、0.70 mm/min、0.24 mm/min，20~40 cm 土层显著高于 0~20 cm 土层与 40~60 cm 土层；董庄沟分别为 0.46 mm/min、0.67 mm/min、0.19 mm/min，20~40 cm 与 40~60 cm 土层差异显著；两流域内不同土层 $K_s$ 相比均是 20~40 cm 土层>0~20 cm 土层>40~60 cm 土层，但各土层导水率流域间差异均不显著。

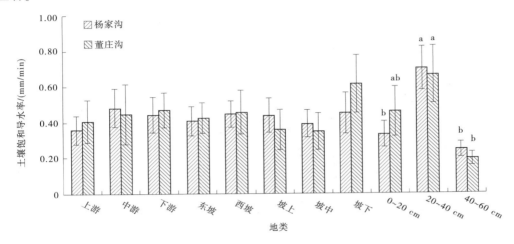

**图 6-5　不同流域的土壤饱和导水率**

## 6.3.2　水分特征曲线对比研究

　　土壤水分特征曲线是土壤水的基质势（土壤水吸力）与土壤含水量的关系曲线（李航 等，2018），反映了土壤水在非饱和状态下的能态与含量间的关系，既可以直接用来分析土壤持水性及其水分有效性，又能间接用来分析土壤孔隙、质地等（陈学文 等，2012），是研究土壤水分入渗、蒸发、土壤侵蚀及溶质运移过程的重要水力参数，对土壤-植物-大气连续体（SPAC）中的水分动态及其机制与模拟研究都具有重要作用（孙迪 等，2010）。

### 6.3.2.1　土壤水分特征曲线的模型模拟

　　为对比需要，将两流域各地类水分特征曲线进行模型模拟，获得各模型参数，定量分析各水分特征曲线的差异。

　　利用经典统计学分析实测各样点的土壤水分特征曲线，获得各流域、各土地类型的平均土壤水分特征曲线，运用 RETC 软件分别拟合得到各地类的 Van Genuchten 水分特征曲线模型参数（$\theta_r$、$\theta_s$、$\alpha$ 和 $n$）。VG 模型是最为常用的水土特征曲线数学模型，能够表示全负压范围内的水分特征曲线，对不同类型土壤介质的拟合精度均很高，适用性广泛。

　　计算土壤的体积含水量与相应的土壤负压值，根据式（6-2），利用 RETC 软件进行参数拟合获得水分特征曲线。采用均方根误差（root mean square error，RMSE）和决定系数 $R^2$ 作为评价模型拟合效果的指标，RMSE 越小，$R^2$ 值越接近于 1，模型拟合的效果越好。两流域水分特征曲线模型参数具体见表 6-3。

表 6-3　不同类型土壤水分特征曲线的拟合参数

| 流域 | 类型 | $R^2$ | 参数 | | | |
|---|---|---|---|---|---|---|
| | | | $\theta_r$ | $\theta_s$ | $\alpha$ | $n$ |
| 杨家沟 | 平均 | 0.998 6 | 0.011 5 | 0.488 0 | 0.074 8 | 1.188 4 |
| | 东坡 | 0.996 5 | 0.059 6 | 0.488 0 | 0.035 5 | 1.271 8 |
| | 西坡 | 0.999 1 | 0 | 0.487 2 | 0.133 7 | 1.160 9 |
| | 坡下 | 0.998 9 | 0 | 0.464 5 | 0.050 3 | 1.181 1 |
| | 坡中 | 0.997 1 | 0.051 5 | 0.502 0 | 0.084 4 | 1.225 4 |
| | 坡上 | 0.989 4 | 0.009 5 | 0.496 9 | 0.079 0 | 1.190 1 |
| | 上游 | 0.998 6 | 0 | 0.484 5 | 0.069 9 | 1.167 6 |
| | 下游 | 0.996 5 | 0.047 4 | 0.489 2 | 0.063 5 | 1.246 1 |
| 董庄沟 | 平均 | 0.999 5 | 0.025 3 | 0.490 8 | 0.119 9 | 1.193 8 |
| | 东坡 | 0.999 3 | 0 | 0.481 0 | 0.159 6 | 1.155 5 |
| | 西坡 | 0.999 5 | 0.045 1 | 0.500 0 | 0.090 3 | 1.239 8 |
| | 坡下 | 0.999 5 | 0 | 0.478 6 | 0.154 2 | 1.166 3 |
| | 坡中 | 0.999 4 | 0.031 6 | 0.494 6 | 0.109 1 | 1.203 6 |
| | 坡上 | 0.999 5 | 0.045 8 | 0.499 0 | 0.101 3 | 1.218 5 |
| | 上游 | 0.999 5 | 0.009 6 | 0.493 1 | 0.166 3 | 1.174 1 |
| | 下游 | 0.999 3 | 0.041 9 | 0.488 7 | 0.086 6 | 1.218 6 |

#### 6.3.2.2　土壤水分特征曲线的对比分析

1. 水分特征曲线的流域对比

两流域土壤水分特征曲线的实测值与模拟变化具体见图 6-6。两者变化趋势基本一致,均呈现低土壤水吸力区段曲线陡直、急速下降,高吸力区段曲线缓平、变化微弱的特点。相比较,各基质势下杨家沟土壤含水量始终大于董庄沟,但差异不显著($P<0.05$);由低吸力段向高吸力段,土壤含水量的差异先逐渐扩大再逐渐减小;土壤水吸力 10 kPa 时差异最大,杨家沟土壤含水量是董庄沟的 1.09 倍;土壤水吸力 1 kPa、800 kPa、1 000 kPa 时两流域土壤含水量较接近。

把两流域各地类土壤水分特征曲线的 VG 模拟参数($\theta_s$、$\theta_r$、$\alpha$、$n$)进行配对样本 T 检验,发现参数 $\alpha$ 杨家沟(0.073 9)与董庄沟(0.123 4)差异显著,其余差异不显著,但除 $n$ 外,其余均是杨家沟<董庄沟。杨家沟 $\alpha$ 显著低于董庄沟说明前者进气值较高、土壤对水的吸附力较强,因此在较高的吸力条件下才会失水(Lamparter A,2010),土壤的持水能力强。

分别对比了杨家沟与董庄沟各坡向(东、西坡)、坡位(坡下、坡中、坡上)、区段(上、下游)的土壤水分特征曲线,具体如下。

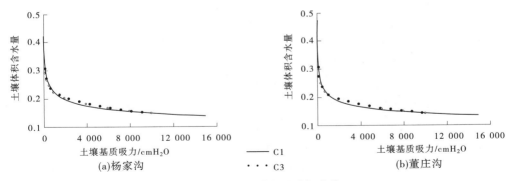

**图 6-6　流域土壤水分特征曲线**

2. 水分特征曲线的坡向对比

杨家沟东、西坡土壤水分特征曲线实测值相比（见图 6-7），除 10 cmH$_2$O 基质吸力水平外其余各基质势条件下体积含水率均无显著差异，而董庄沟 400 cmH$_2$O 以上基质吸力东、西坡土壤体积含水率均有显著性差异，说明后者东、西坡土壤在高吸力区段的水力学特性差异显著，持、蓄水能力不同。杨家沟在低吸力区间（≤800 cmH$_2$O），土壤体积含水率东坡稍高于西坡，在高吸力区段，西坡稍高，但坡向间差距较小。董庄沟相反：低吸力区段（≤100 cmH$_2$O）西坡土壤体积含水率较高，高吸力区段，东坡土壤体积含水率显著高于西坡；且土壤基质吸力越高，东坡土壤体积含水率优势更明显。杨家沟东、西坡土壤在不同基质吸力下的体积含水率实测值相比仅在 10 cmH$_2$O 时差异显著，而董庄沟除

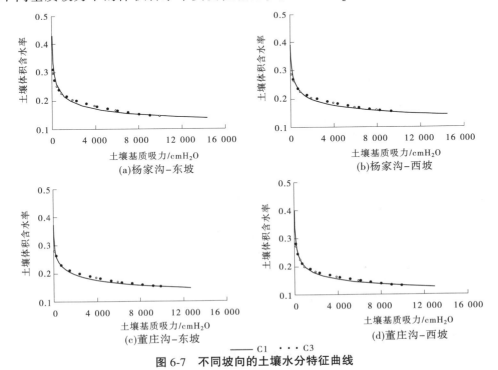

**图 6-7　不同坡向的土壤水分特征曲线**

0 cmH₂O、10 cmH₂O、100 cmH₂O 与 200 cmH₂O 外其余各测点东、西坡土壤体积含水率差异均显著。说明前者东、西坡土壤的持、蓄水特征差异不大,后者差异显著,尤其是土壤毛管水含量差异显著。

3. 水分特征曲线的坡位对比

杨家沟与董庄沟各坡位(坡下、坡中、坡上)土壤在不同水分基质吸力水平下含水率差异均不显著,随基质吸力增大,各坡位间差异不断减小。随基质吸力变化,前者各坡位间土壤水分含水率大小顺序不断变化,各基质势土壤含水率平均值坡下>坡上>坡中,各坡位间差别微弱。而后者各坡位土壤含水率总是坡下<坡中<坡上,不同基质势下土壤含水率沿坡面向上不断增加,坡上与坡中相近。两流域各坡位土壤水分特征曲线的实测值与模拟曲线具体见图6-8。

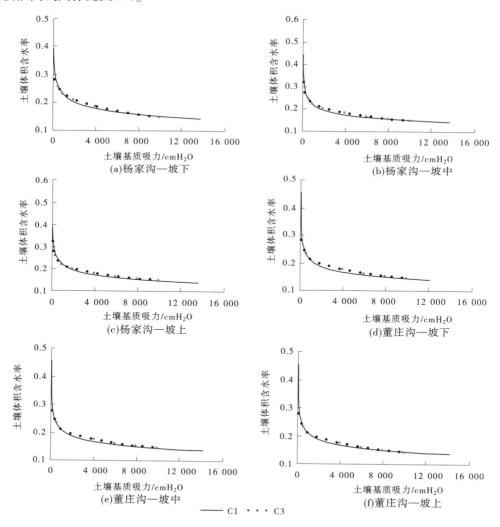

图6-8　不同坡位的土壤水分特征曲线

4. 水分特征曲线的区段对比

杨家沟在基质吸力>100 cmH$_2$O 时上、下游土壤实测体积含水率差异均显著,而董庄沟任何基质吸力水平下上、下游土壤实测体积含水率差异均不显著。前者除饱和含水率外,任何土壤测试基质吸力水平下含水率均上游>下游;而后者恰恰相反,饱和含水率上游>下游,土壤基质吸力 10~8 000 cmH$_2$O 阶段上游<下游,基质吸力 10 000 cmH$_2$O 时依旧是上游>下游。具体见图 6-9。

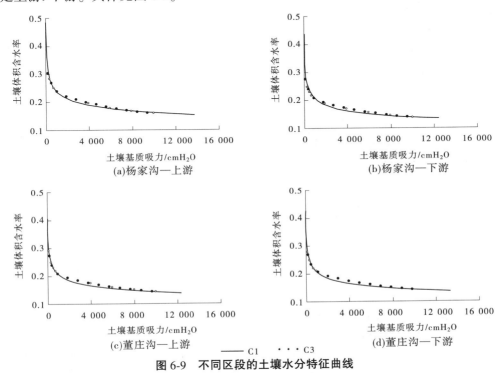

图 6-9　不同区段的土壤水分特征曲线

杨家沟上、下游土壤在不同基质吸力下的体积含水率实测值相比除 0 cmH$_2$O、10 cmH$_2$O、100 cmH$_2$O 外其余各测点土壤体积含水率差异均显著,基质吸力 ≤800 cmH$_2$O 时土壤体积含水率东坡 > 西坡,反之西坡 > 东坡;而董庄沟各测点土壤含水率差异均不显著,土壤基质吸力 ≤100 cmH$_2$O 时,土壤体积含水率东坡<西坡,反之西坡<东坡。说明前者东、西坡土壤的持、蓄水特征差异不大,后者差异显著,尤其是土壤毛管水含量差异显著;且杨家沟低吸力区段东坡土壤含水率较高,高吸力区段西坡土壤含水率较高,说明东坡土壤大孔隙较多,西坡土壤毛细孔隙特别是微细级别的毛细孔隙较多。

### 6.3.2.3　比水容量的对比分析

不是所有土壤水分都能被植被吸收、利用,土壤水分中能被植物吸收、利用的部分才是有效水分。土壤对植物有效水分的含量不仅取决于土壤含水率大小,更取决于土壤水分吸力的大小。因此,土壤有效水分以土壤水分的强度指标(吸力)来衡量更有实践代表性,而比水容量作为土壤水分运动的重要参数之一,经常用于表征土壤水分的有效性和供水容量,是评价土壤耐旱性的重要指标(陈俊英 等,2018)。比水容量是土壤水分特征曲线的斜率,即含水量对基质势的导数,表示单位基质势变化所能引起的土壤水分增加或减少量。

　　按照式(6-3)计算杨家沟与董庄沟的比水容量并绘制曲线图(见图6-10),发现两流域比水容量随土壤基质势由小到大的变化趋势相同,均是先在0~1 000 cmH$_2$O 范围内急速上升,后在1 000~2 400 cmH$_2$O 范围内急速下降,在2 400~10 000 cmH$_2$O 范围内缓慢下降,最终在>10 000 cmH$_2$O 阶段基本保持稳定。而杨家沟比水容量各阶段始终大于董庄沟,且两者差距也是先增大后缩小,最后在高基质势阶段两者比水容量在较低水平上达到平衡。在土壤基质势接近1 000 cmH$_2$O 时,两者的差距最大,在0~1 000 cmH$_2$O 与1 000~2 400 cmH$_2$O 两个阶段杨家沟比水容量分别上升与下降的速度均远远快于董庄沟。比水容量的变化说明杨家沟土壤在基质吸力0~15 000 cmH$_2$O 范围内尤其是在0~2 400 cmH$_2$O 范围内水分储存与释放以供给植物吸收利用的能力远超董庄沟,土壤水分的有效性与供水容量远超董庄沟,土壤的耐旱性更强。

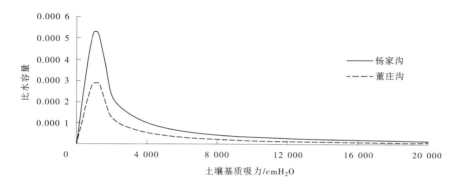

图6-10　不同流域的比水容量

### 6.3.2.4　流域水分常数的对比分析

　　土壤在不同能态释放水分不同,供给植物吸收利用水分的容量也不同。土壤水分养育植物的有效性与土壤含水量不是单纯的线性正相关,而在土壤水分基质吸力的影响下在一定的空间范围内呈非线性变化。一般情况下,土壤水分有效性在几个代表性土壤基质势范围内具有不同的变化,这些代表土壤基质吸力的转折点所对应的土壤水分含量被称作土壤水分常数,在土壤水分研究中具有重要的意义。田间持水量是在地下水位较深(毛管水不与地下水连接)情况下,土壤所能保持的毛管悬着水的最大量,是吸湿水、薄膜水和毛管悬着水的总和,是植物有效水的上限,也是衡量土壤保水性能的重要指标和农田灌溉的重要参数,常作为灌水定额计算的依据,相应的土壤水吸力为9.81~29.43 kPa(0.1~0.3 个工程大气压)。田间持水量作为土壤的特性常数,是一个实际存在的土壤物理性质,土壤水分管理中常被认为是土壤稳定保持的最高含水量,其大小与土壤性质、结构与密实度等紧密相关。永久凋萎点指生长正常的植株仅土壤水分不足,致使植物吸收不到水分而使细胞失去膨压,开始稳定凋萎时的土壤湿度,是土壤水对作物生长有效部分与无效部分的分界点,常作为土壤中有效含水的下限。凋萎湿度的概念是 L. J. 布里格斯和 H. L. 香茨于1912 年首先提出的。与此同时,他们还提出关于"生长有效水分(growth available moisture)"的概念,把凋萎湿度作为土壤有效水的下限。在土壤水力学研究中,通常把基质吸力0 对应的土壤含水量作为饱和含水量,它是土壤孔隙完全充满水时的含水量,是土壤储水的理论阈值;把基质吸力 10 kPa(100 cmH$_2$O)对应的土壤含水量作为毛管持水量,它是所有毛管孔隙都充满水分时土壤的含水量;把基质吸力 30 kPa(300 cmH$_2$O)对应的土壤含水量作为田间持水量,它是土壤有效水分的上限;把基质吸力 1 500 kPa(15 000 cmH$_2$O)对应的土壤含水量称为萎蔫系数,>1 500 kPa 的土壤含水量基本上很难被植物吸收利用,因此被称为无效水含量,而 30~1 500 kPa 的含水量被认为是土壤有效水总量,即有效水含量是田间持水量减去萎蔫系数的差;饱和含水率与田间持水率的差为重力水,田间持水率的 65% 为易利用水,有效水占饱和含水率的比值即为有效水比例。土壤重力水容量主要反映生态系统补充地下水和调控河川径流流量能力的大小,而土壤有效水容量主要反映土壤或生态系统本身保蓄水分潜力的高低,两者能有效反映土壤水源涵养能力的变化。根据土壤水分特征曲线的模拟公式分别计算得到杨家沟与董庄沟各类型土壤的水分常数(见表 6-4)。

**表 6-4　土壤水分常数**　　　　　　　　　　　　　　　　　%

| 流域 | 类型 | 水分常数 | | | | | | | |
|------|------|----------|----------|----------|----------|--------|--------|----------|------------|
| | | 饱和含水率 | 毛管持水量 | 田间持水率 | 凋萎系数 | 重力水 | 有效水 | 易利用水 | 有效水比例 |
| 杨家沟 | 平均值 | 48.80 | 33.31 | 27.56 | 13.84 | 21.23 | 13.73 | 17.91 | 28.13 |
| | ES | 48.80 | 35.16 | 28.25 | 13.74 | 20.55 | 14.51 | 18.36 | 29.74 |
| | WS | 48.72 | 31.89 | 26.85 | 14.33 | 21.87 | 12.52 | 17.45 | 25.69 |
| | DS | 46.45 | 33.94 | 28.24 | 13.99 | 18.21 | 14.25 | 18.36 | 30.68 |
| | MS | 50.20 | 32.64 | 26.82 | 14.15 | 23.38 | 12.67 | 17.43 | 25.23 |
| | US | 49.69 | 33.42 | 27.55 | 13.64 | 22.13 | 13.91 | 17.91 | 28.00 |
| | UR | 48.45 | 34.48 | 28.97 | 15.10 | 19.47 | 13.87 | 18.83 | 28.64 |
| | LR | 48.92 | 32.25 | 26.03 | 12.91 | 22.89 | 13.12 | 16.92 | 26.81 |
| 董庄沟 | 平均值 | 49.08 | 31.06 | 25.72 | 13.42 | 23.36 | 12.30 | 16.72 | 25.07 |
| | ES | 48.10 | 31.10 | 26.32 | 14.35 | 21.78 | 11.97 | 17.11 | 24.89 |
| | WS | 50.01 | 31.03 | 25.07 | 12.59 | 24.94 | 12.49 | 16.30 | 24.97 |
| | DS | 47.86 | 30.19 | 25.25 | 13.20 | 22.60 | 12.06 | 16.41 | 25.19 |
| | MS | 49.46 | 31.36 | 25.86 | 13.42 | 23.60 | 12.44 | 16.81 | 25.15 |
| | US | 49.90 | 31.62 | 26.01 | 13.72 | 23.89 | 12.29 | 16.91 | 24.63 |
| | UR | 49.31 | 30.44 | 25.40 | 13.35 | 23.91 | 12.05 | 16.51 | 24.44 |
| | LR | 48.87 | 31.72 | 26.04 | 13.51 | 22.82 | 12.53 | 16.93 | 25.64 |

　　杨家沟与董庄沟各水分常数进行配对样本 T 检验,仅毛管持水量差异显著;饱和含水量与重力水含量杨家沟<董庄沟,其余各常数均杨家沟>董庄沟。不同坡向水分常数相比,杨家沟毛管持水量差异显著,饱和含水率、毛管持水量、田间持水量、凋萎系数、有效水、易利用水与有效水比例东坡>西坡,重力水却相反;董庄沟凋萎系数、重力水、有效水含量差异显著,饱和含水率、毛管持水量、重力水、有效水与有效水比例东坡<西坡,田间持水量、凋萎系数与易利用水相反。不同区段相比,杨家沟凋萎系数、有效水含量、易利用水含量差异显著,饱和含水量与重力水含量上游<下游,其余上游>下游;董庄沟上、下游各土壤水分常数均无显著差异,饱和含水量与重力水含量上游>下游,其余上游<下游。

# 6.4　小　结

　　(1)相似两流域分别经人工林治理与自然恢复 60 年后,容重、有机质、孔隙度与黏粒差异均不显著($P<0.05$),表明两种生态恢复方式、相同土壤与环境背景下土壤水文理化特性半世纪的演化结果是一致的。这与立地层面上刺槐林地与荒草地相关土壤性质差异显著的研究结论不同(黄艳丽 等,2019)。

　　(2)杨家沟 10 ℃时 $K_s$ 平均值为 0.43 mm/min,稍低于董庄沟(0.44 mm/min),两者没有显著差异。

　　(3)两流域土壤水分特征曲线的变化趋势基本一致,均呈现低土壤水吸力区段曲线陡直、急速下降,高吸力区段曲线缓平、变化微弱的特点。相比较,各基质势下杨家沟土壤含水量始终大于董庄沟,但差异不显著($P<0.05$);由低吸力向高吸力段,土壤含水量的差异先逐渐扩大再逐渐减小;土壤水吸力 10 kPa 时差异最大,杨家沟土壤含水量是董庄沟的 1.09 倍,土壤的持水能力强。两流域比水容量随土壤基质势由小到大的变化趋势相同,但杨家沟各阶段始终大于董庄沟,两者差距先增大后缩小,最后在高基质势阶段比水容量在较低水平上达到平衡,说明杨家沟土壤在基质吸力 0~15 000 $cmH_2O$ 范围内尤其是在 0~2 400 $cmH_2O$ 范围内水分储存与释放以供给植物吸收利用的能力远超董庄沟,土壤水分的有效性与供水容量远超董庄沟,土壤的耐旱性更强。各水分常数中,两流域仅毛管持水量差异显著;饱和含水量与重力水含量杨家沟<董庄沟,其余杨家沟>董庄沟。

# 第 7 章　基于氢氧同位素的土壤降雨径流调蓄能力研究

在降雨入渗补给与蒸散发的影响下,土壤水运动持续不断,这给准确揭示并认识土壤水补给、耗散的方式和过程及其机制造成了障碍。土壤水稳定同位素效应的时空差异性造成不同来源、状态的土壤水表现不同的氢氧同位素丰度,从而示踪、揭示土壤水的补蓄、迁移及耗散过程,使土壤水稳定同位素技术成为近年来定量研究土壤水来源与运动的重要方法。

本书采用稳定同位素示踪技术,通过监测、分析 0~120 cm 剖面范围内土壤水氢氧同位素的时间与空间变化,定量估算土壤蒸发速度及次降雨条件下土壤水分的下渗、蓄存能力,并对比不同流域土壤水分垂向运移的同位素特征,以揭示人工林对小流域土壤水稳定同位素的分布及运动影响。

## 7.1　采样与试验设计

### 7.1.1　采样方法

为通过氢氧同位素变化分析小流域土壤水分补给与消耗,在土壤水分变化最激烈的 8 月(汛期)分别采集土壤氢氧同位素与土壤水分含量测试样品。在杨家沟与董庄沟对照坡面的对照坡位,每 4 天同时采样一次,2016 年 8 月 2—30 日共采样 8 次。利用 4 cm 土钻在 0~120 cm 范围内分层取样,0~60 cm 土层内每 10 cm、60~120 cm 土层内每 20 cm 取 3 个土壤含水量重复样品与两个氢氧同位素重复样品。每一土壤含水量样品不超过 50 g,为防止蒸发带来的土壤含水量损失,迅速将所取样品装入铝盒,并加盖密封带回小流域沟口实验室,取 3 个样品含水量均值作为测试值。顺序分层采取土壤水分氢氧同位素样品后,为防止蒸发带来的同位素分馏效应,迅速将样品装入 20 mL 棕色玻璃样品瓶中,用封口膜密封,带回实验室后迅速冷冻到-20 ℃,直至同位素测定。每次土壤取样应错开以往历次取样点,取样后尽量恢复样点原貌并做标记(黄艳丽等,2018)。

并在每个样点空旷处布设自制降水采集装置,每次降水通过雨量筒上方安装的圆形漏斗汇集,雨量筒顶部漏斗口覆盖一层纱布,并用细尼龙绳扎紧,防止枯落物堵塞漏斗;雨水收集前将适量石蜡油注入收集桶内,漏斗出口用螺旋导管连接,导管另一端浸入石蜡油内部,外筒中部连接处用凡士林和封口膜密封,防止雨水蒸发。雨后尽快收集每一场降雨,并分别装入 20 mL 棕色玻璃样品瓶中,用封口膜密封,带回实验室后迅速冷冻到-20 ℃,直至同位素测定。

## 7.1.2　试验方法

　　将分析样带回实验室测试,结果取测试平均值。土壤含水量采用烘干法测定,氢氧同位素的测定方法具体如下。

　　将在甘肃西峰杨家沟与董庄沟取回的土壤样品在西安理工大学生态水文实验室首先通过土壤水分全自动真空冷凝抽提系统(见图 7-1)提取土壤水分,然后将提取的土壤水分或收集的雨水样品经过滤后,用 1 mL 的针管移入液态水同位素分析仪专用的 1 mL 玻璃瓶,利用 LGR 液态水同位素分析仪(见图 7-2)测定每个土样中的氢氧同位素含量。LGR 液态水同位素分析仪通过测量波长在 1 390 nm 附近的吸收波计算$^2$HHO、HH$^{18}$O 和 HHO 分子浓度。分子浓度被转化为 2H/1H 和 $^{18}$O/$^{16}$O 的原子比率。每个样品均重复测定 8 次,并检查、排除不满足测定条件与测量精度的测试结果后,对后 6 次测定值使用 3 个不同 $R$ 值的标准样本的同位素含量拟合出的调整公式进行调整计算后的平均值作为每个样品的测定结果。δD 与 δ$^{18}$O 的仪器测定精度分别达到 0.50‰和 0.15‰,测得的氢氧同位素含量为“维也纳标准平均海水(VSMOW)”的千分差,计算公式如下(靳宇蓉等, 2015):

$$\delta = \frac{R_{\text{sample}} - R_{\text{VSMOW}}}{R_{\text{VSMOW}}} \times 1\ 000‰ \tag{7-1}$$

式中:$R_{\text{sample}}$ 为水样中 δD 或 δ$^{18}$O 的浓度;$R_{\text{VSMOW}}$ 为 VSMOW 中 δD 或 δ$^{18}$O 的浓度;δ 值的正负分别表示待测样品较标准样品富含“重”同位素和“轻”同位素。

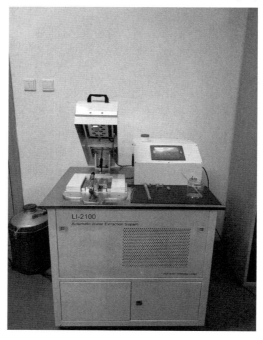

**图 7-1　土壤水分全自动真空冷凝抽提系统**

图 7-2　LGR 液态水同位素分析仪

### 7.1.3　数据处理与统计分析

采用 Excel 2010 进行数据整理,通过 SPSS18.0 进行数据的描述性统计及聚类、对比、回归与相关分析,使用 Origin9.0 制图。本章使用的相关模型与公式如下。

降雨初期由于较大水汽饱和度土壤水分蒸发微弱,蒸发造成的同位素分馏可忽略。因此,根据质量守恒定律,借用 D 的二元混合模型计算研究剖面范围内单次降雨的土壤入渗量。计算公式如下:

$$\delta D_{n,t+1} \times V_{n,t+1} = \delta D_{n,t} \times V_{n,t} + \delta D_P \times V_{n,P} \tag{7-2}$$

$$V_P = \sum_1^n V_{n,p} \tag{7-3}$$

式中:$\delta D_{n,t}$,$\delta D_{n,t+1}$、$\delta D_P$ 分别为降雨前、后第 $n$ 个土层土壤水及降雨量(‰);$V_{n,t}$、$V_{n,t+1}$、$V_{n,P}$ 则分别为降雨前、后第 $n$ 个土层的土壤水分体积含量及降雨入渗量,$cm^3$;$V_P$ 为研究土壤剖面内总降雨入渗量,为方便与降雨比较可将其换算为入渗雨深,mm。

# 7.2　雨水同位素特征与变化

### 7.2.1　降雨统计

2016 年 8 月整个土壤氢氧同位素监测期间,南小河沟流域共有 5 次降雨,各次降雨的时间与雨量具体见表 7-1。2016 年 11 月 2 日又去杨家沟与董庄沟采样,将各样点所布设雨量筒中 9 月和 10 月降雨的混合雨水样取回,统一标记为 2016-11-02 雨次,共 39 个雨水样。同时由杨家沟、董庄沟的沟口站工作人员分别采取了 2016 年 9 月和 10 月历次降雨的雨水样,两站共取得雨水样 30 个。这些雨水样既用于分析研究区域的大气降水线方程,又用于分析土壤入渗雨水的氢氧同位素特征。

表 7-1　降雨历时与雨量

| 降雨场/次 | 降雨日期(年-月-日) | 降雨历时/h | 降雨量/mm |
|---|---|---|---|
| 1 | 2016-08-03 | 0.5 | 0.8 |
| 2 | 2016-08-06 | 1.0 | 5.1 |
| 3 | 2016-08-23 | 1.1 | 33.4 |
| 4 | 2016-08-24 | 9.0 | 21.0 |
| 5 | 2016-08-29 | 2.0 | 0.4 |

### 7.2.2　雨水氢氧同位素统计特征

根据测试结果(见表 7-2),研究区雨水 $\delta D$ 在 $-114.81‰ \sim 10.6‰$ 变化,$\delta^{18}O$ 为 $-15.71‰ \sim 1.49‰$ 范围,两者的变化范围符合 Graig 关于全球降雨氢氧同位素富集与贫化程度的结论。历次降雨中,2016 年 8 月 23 日雨水 $\delta D$ 和 $\delta^{18}O$ 的平均值±标准差分别为 $-45.00‰±1.95‰$ 和 $-6.98‰±0.28‰$,2016 年 8 月 24 日雨水 $\delta D$ 和 $\delta^{18}O$ 的平均值±标准差分别为 $-50.17‰±1.17‰$ 和 $-7.32‰±0.17‰$,两次降雨 $\delta D$ 与 $\delta^{18}O$ 相对富集。2016 年 8 月 3 日雨水的 $\delta D$ 和 $\delta^{18}O$ 的平均值±标准差分别为 $-98.61‰±20.68‰$ 和 $-13.56‰±2.94‰$,2016 年 8 月 6 日雨水的 $\delta D$ 和 $\delta^{18}O$ 的平均值±标准差分别为 $59.24‰±3.32‰$ 和 $-8.14‰±0.45‰$,这两次降雨量分别仅有 0.8 mm、5.1 mm。各次雨水样中,2016 年 11 月 2 日采取的 9 月与 10 月的混合雨水样氢氧同位素值最高,这是由于此次从各样点布设雨量筒中分取的雨水样是 9 月与 10 月历次降雨混合后在筒内存放两个月后的样品,虽然筒内上层覆盖有 5 mm 厚的矿物油膜以防止雨水蒸发,但长久放置仍然会导致蒸发分馏,在

表 7-2　雨水氢氧同位素的统计特征

| 雨次 | 样本量 | δD | | | | | | δ¹⁸O | | | | | |
|---|---|---|---|---|---|---|---|---|---|---|---|---|---|
| | | 均值/‰ | 极小值/‰ | 极大值/‰ | 标准差 | 峰度 | 偏度 | 均值/‰ | 极小值/‰ | 极大值/‰ | 标准差 | 峰度 | 偏度 |
| 2016-08-03 | 23 | -98.61 | -114.81 | -47.51 | 20.68 | 3.13 | 2.11 | -13.56 | -15.71 | -5.99 | 2.94 | 3.25 | 2.14 |
| 2016-08-06 | 38 | -59.24 | -68.37 | -52.69 | 3.32 | 0.20 | -0.35 | -8.14 | -8.92 | -7.35 | 0.45 | -1.05 | 0.18 |
| 2016-08-23 | 7 | -45.00 | -47.29 | -41.28 | 1.95 | 1.84 | 1.11 | -6.98 | -7.32 | -6.43 | 0.28 | 2.08 | 1.22 |
| 2016-08-24 | 12 | -50.17 | -52.00 | -47.87 | 1.17 | 0.56 | 0.73 | -7.32 | -7.49 | -6.85 | 0.17 | 4.79 | 1.94 |
| 2016-08-29 | 10 | -55.65 | -65.51 | -18.85 | 14.98 | 4.05 | 2.13 | -7.40 | -10.11 | -2.60 | 2.04 | 3.16 | 1.43 |
| 2016-09、10 | 30 | -46.78 | -100.13 | -11.03 | 27.55 | -1.06 | -0.41 | -7.12 | -15.09 | 1.49 | 4.82 | -0.92 | 0.14 |
| 2016-11-02 | 39 | -37.22 | -51.77 | -10.60 | 7.42 | 3.52 | 1.37 | -6.43 | -8.75 | -2.48 | 1.25 | 3.40 | 1.67 |

一定程度上提高了 δD 和 $\delta^{18}$O 的大小。而分别于 2016 年 9 月、10 月历次降雨后于两小流域沟口站采取的雨水样的 δD 与 $\delta^{18}$O 的平均值±标准差分别为 −46.78‰±27.55‰、−7.12‰±4.82‰,与同期混合样相比,氢氧同位素值相对较低,离散程度较大。可以推断,区域降雨同位素的温度效应更显著,温度越低降雨同位素越富集。

2016 年 8 月 3 日、6 日、23 日、24 日、29 日降雨的大气降水线方程按时间顺序分别为 $\delta D = 6.944\delta^{18}O - 4.4646(R^2 = 0.9782)$、$\delta D = 4.6892\delta^{18}O - 21.047(R^2 = 0.4121)$、$\delta D = 5.9099\delta^{18}O - 3.7479(R^2 = 0.7427)$、$\delta D = 5.0928\delta^{18}O - 12.877(R^2 = 0.5721)$、$\delta D = 6.5945\delta^{18}O - 6.8837(R^2 = 0.8073)$;2016 年 11 月 2 日降雨的大气降水线方程为 $\delta D = 5.2599\delta^{18}O - 3.3712(R^2 = 0.78)$;9 月、10 月历次降雨混合样品(两种来源)的降水线方程为 $\delta D = 5.4624\delta^{18}O - 7.899(R^2 = 0.913)$,两者较为一致,但比 8 月样品同位素值偏高,由于取样时间滞后降雨同位素具有明显的富集现象(见图 7-3)。考虑到数据的准确性及研究需要,仅以 8 月雨水样的稳定同位素测试值为样本模拟获得研究区域 2016 年 8 月的大气降水线方程,具体为 $\delta D = 7.2963\delta^{18}O + 0.8663(R^2 = 0.9717)$,由图 7-3(d)可知研究区域 8 月降水线与全球大气降水线 GMWL

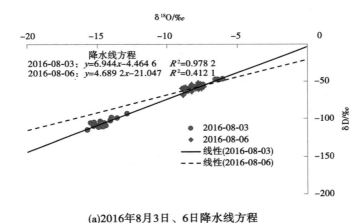

(a)2016年8月3日、6日降水线方程

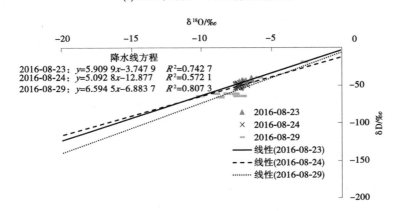

(b)2016年8月23日、24日、29日降水线方程

图 7-3　历次降雨的降水线方程

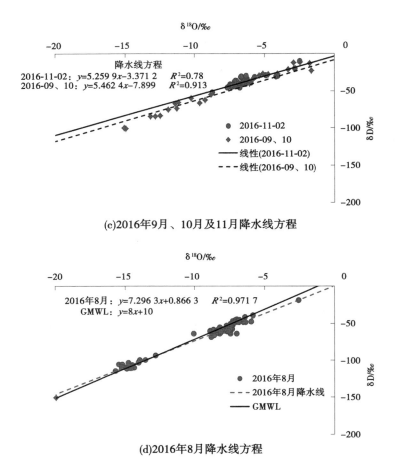

(c)2016年9月、10月及11月降水线方程

(d)2016年8月降水线方程

续图 7-3

极为接近,但两者在 $\delta^{18}O$ 接近-15 时出现交叉,前者在 $\delta^{18}O$ 相对高值区域较后者略小、在 $\delta^{18}O$ 相对低值区域较后者略大。总体上看,2016 年 8 月研究区域降雨 $\delta D$、$\delta^{18}O$ 沿全球大气降水线向下方延展,区域降水线斜率与截距都小于全球降水线,受二次蒸发与高度效应影响,降水同位素出现轻微贫化现象。

# 7.3　土壤水分变化

## 7.3.1　土壤水分的剖面变化

　　杨家沟 2016 年 8 月各样次剖面土壤含水量依次为 13.3%、11.9%、10.7%、10.5%、10.5%、10.3%、13.4%、11.5%,均小于董庄沟(依次为 15.2%、15.0%、13.6%、13.4%、13.3%、12.7%、15.9%、15.9%),前者相当于后者的 72.0%~87.6%;除 2016 年 8 月 2 日外两流域均差异显著($P<0.05$,见图 7-4)。在前期降雨影响下,2016 年 8 月 2 日杨家沟

土壤含水量相当于董庄沟的 87.6%,两者最接近。后在干旱影响下两流域土壤含水量差距扩大,杨家沟土壤湿度在董庄沟的 78%~80% 浮动;2016 年 8 月 25 日、26 日累计超过 50 mm 的降雨缩小了两者差距,使杨家沟土壤湿度提高到董庄沟的 84.6%;但后续降雨再分配却进一步拉大了两流域间的土壤水分差,使杨家沟土壤湿度迅速下降到董庄沟的 72.0%。通过对比两流域剖面土壤含水率的时间变化可以发现,持续干旱过程中杨家沟各土层土壤水分维持在 10.0% 以上,而董庄沟各土层特别是浅层(0~30 cm)土壤水分随干旱不断下降;但一旦出现水分补偿,杨家沟由于林木前期抑制的用水需求,存在补偿性耗水而导致土壤水分迅速跌落至干旱期稳定土壤含水量(10.0%)以下,而董庄沟由于不存在植物的主动用水调节也就不会出现补偿性耗水;因此,在经过降雨补充后的 2016 年 8 月 30 日样次,杨家沟与董庄沟土壤湿度进一步扩大,前者仅相当于后者的 72.0%。

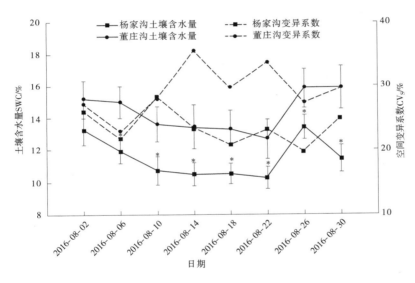

图 7-4　流域土壤水分与空间变异系数的时间变化

综上所述,杨家沟与董庄沟土壤水分的显著差异往往出现在干旱、持续蒸散耗水条件下,而降雨充沛条件下由于杨家沟林木耗水而导致的两流域土壤水分差也会被削弱。可见,人工林建设确实增加了流域土壤水分消耗,但也在一定程度上改善了土壤的降雨入渗补给能力,提高了土壤的雨水调蓄容量。关于两流域土壤水分差距有无阈值及其影响因素是值得进一步探讨的内容。

由两流域土壤水分变异系数的时间变化(见图 7-4)可知,除 2016 年 8 月 10 日外,历次采样杨家沟土壤水分变异系数均小于董庄沟;除 2016 年 8 月 14 日外,两者具有一致的变化趋势,但干旱影响下董庄沟土壤水分空间变异系数明显扩大。以上说明杨家沟土壤水分的空间分布更均衡。

## 7.3.2　土壤水分的垂向变化

由 2016 年 8 月杨家沟、董庄沟不同土层的土壤含水量变化(见图 7-5)可知,没有足够降雨补充时,杨家沟土壤含水量由土表至土深 100 cm 内不断下降,100~120 cm 土层转而上升;而董庄沟由土表至土深 120 cm 内各土层土壤含水量不断上升。杨家沟土壤浅层含水量较高,100~120 cm 土层出现土壤水分下降拐点;而董庄沟土壤含水量垂向分布却与之相反,越向表层土壤含水量越低。采样范围内,两流域各土层平均土壤含水量全距由浅至深不断下降,董庄沟下降速度明显高于杨家沟;除表层(0~10 cm)外,杨家沟各土层平均土壤含水量全距、峰度均大于董庄沟,即人工林小流域土壤水分变化幅度更大,补、用

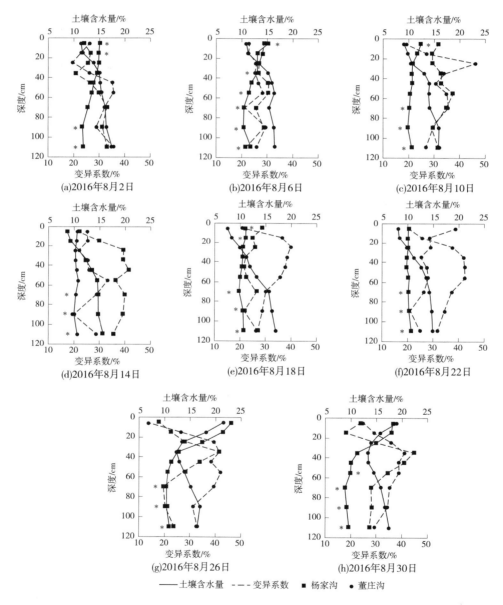

注:图中 * 表示杨家沟与董庄沟同一土层土壤含水量及其变异系数在置信度 0.05 水平(双侧)上差异显著,下同。

图 7-5　不同土层的土壤含水量变化

力更强能,土壤对降雨的调节弹性更大。杨家沟 50~80 cm 土深范围内土壤水分时间变化剧烈,呈尖峰分布,是土壤水分敏感层。杨家沟、董庄沟各层土壤含水量相比经独立样本 T 检验,20~40 cm 土层各样次均没有显著差异($P<0.05$),10~20 cm 土层与 40~60 cm 土层极少数样次有显著差异($P<0.05$),0~10 cm 土层多数样次有显著差异($P<0.05$),60~120 cm 土层基本上各样次均具有显著差异($P<0.05$)。可见,杨家沟与董庄沟表层(0~10 cm)与深层(60~120 cm)土壤水分差异显著($P<0.05$),而浅层与中层(10~60 cm)差异不显著。

采样范围内,杨家沟各土层土壤含水量空间变异系数由土表向下依次为 27.34%、25.49%、27.15%、29.98%、29.94%、30.62%、27.89%、25.15%、27.33%,董庄沟依次为 24.48%、26.50%、31.14%、32.82%、33.01%、33.61%、30.77%、28.36%、28.81%;除 0~10 cm 土层外前者均小于后者,且两者 10~120 cm 剖面内由上向下垂向变化趋势一致,均是先升后降,又在 100~120 cm 土层上升;经过配对样本 T 检验,0~10 cm、20~30 cm、50~60 cm、80~100 cm 土层两流域变异系数差异显著。2016 年 8 月杨家沟土壤水分空间变异系数 80~100 cm 土层最小,其次为 10~20 cm 土层;董庄沟最小为 0~10 cm 土层,其次为 10~20 cm 土层;两流域 60~80 cm 土层均是最大。2016 年 8 月 26 日两流域 0~10 cm 土层均出现各样次各土层土壤水分空间变异系数的最小值,且董庄沟(13.32%)<杨家沟(17.52%),这说明在同样降雨条件下董庄沟表层土壤(0~10 cm)更快达到了蓄满状态。

### 7.3.3　土壤含水量的流域对比

计算各土层土壤水分流域变差系数 $DRSM(c)_{D-Y}$,具体见表 7-3。发现除强降雨致董庄沟超渗产流的 2016 年 8 月 26 日,20 cm 以内土层 $DRSM(c)_{D-Y}$ 均是负值,即 20 cm 土层内土壤水分杨家沟>董庄沟。且随干旱愈烈,$DRSM(c)_{D-Y}$ 呈负值的土层愈深,绝对值愈大,如 2016 年 8 月 22 日(2016 年 8 月 23 日、24 日持续强降雨前的最后一次采样)40 cm 以内土层 $DRSM(c)_{D-Y}$ 均<0,且 0~10 cm、10~20 cm 土层分别达到 -48.00%、-43.61%。2016 年 8 月 26 日样次持续降雨使董庄沟超渗产流而致流域土壤浅层大多处于滞水状态,因此造成 0~20 cm 土层 $DRSM(c)_{D-Y}>0$,即董庄沟浅层土壤水分>杨家沟。经历了 5 d 的降雨再分配后,2016 年 8 月 30 日在土深 50 cm 范围内 $DRSM(c)_{D-Y}<0$,即杨家沟经过降雨入渗补充后在 0~50 cm 土层的土壤水分高于董庄沟,说明杨家沟的降雨入渗及持水能力优于董庄沟,至于其雨补充效用的延续时间由于本研究土壤水分监测时间的限制尚不能给出明确结论,留待后续研究。50~120 cm 土层,整个监测期内 $DRSM(c)_{D-Y}>0$,即董庄沟土壤水分高于杨家沟;且 80~100 cm 土层 $DRSM(c)_{D-Y}$ 平均值最高、两流域土壤水分差距最大。两流域土壤含水量相比由土表至土深 120 cm 处存在着这样的变化趋势:杨家沟>董庄沟(0~30 cm)、杨家沟<董庄沟(30~120 cm);两流域等水量层大概位于 30 cm 土深处,干旱会使等水量层下移,降雨入渗补给会使其上移,但从等水量层开始,土体越深(<100 cm)、越浅处两流域土壤含水量差距越大。

表 7-3　2016 年 8 月不同土层的土壤水分流域变差系数

| 土层/cm | 土壤水分流域变差系数 DRSM(c)$_{D-Y}$/% | | | | | | | | |
|---|---|---|---|---|---|---|---|---|---|
| | 2 日 | 6 日 | 10 日 | 14 日 | 18 日 | 22 日 | 26 日 | 30 日 | 平均值 |
| 0~10 | −14.86 | −6.41 | −7.96 | −12.12 | −15.48 | −48.00 | 8.28 | −10.67 | −13.40 |
| 10~20 | −5.84 | −2.20 | −3.17 | −8.50 | −9.60 | −43.61 | 0.80 | −14.85 | −10.87 |
| 20~30 | 2.44 | 9.56 | 1.66 | 2.67 | −1.40 | −28.08 | −4.34 | −17.41 | −4.36 |
| 30~40 | 7.08 | 17.94 | 11.46 | 8.15 | 6.43 | −6.48 | 4.41 | −12.82 | 4.52 |
| 40~50 | 12.06 | 19.28 | 14.87 | 13.05 | 9.96 | 5.49 | 12.46 | −11.18 | 9.50 |
| 50~60 | 14.22 | 22.47 | 12.04 | 18.84 | 11.93 | 12.07 | 16.60 | 4.49 | 14.08 |
| 60~80 | 21.08 | 20.22 | 15.13 | 20.49 | 21.03 | 15.83 | 26.33 | 14.38 | 19.31 |
| 80~100 | 22.80 | 24.85 | 22.88 | 16.55 | 22.48 | 16.63 | 30.33 | 20.96 | 22.19 |
| 100~120 | 19.27 | 21.75 | 19.57 | 19.16 | 22.26 | 15.25 | 26.82 | 22.29 | 20.80 |

# 7.4　土壤氢氧同位素的变化

## 7.4.1　土壤氢氧同位素的总体变化

　　杨家沟与董庄沟 2016 年 8 月土壤氢氧同位素测试结果具体见表 7-4。历次样品 δD 和 δ$^{18}$O 总是杨家沟>董庄沟,且 2016 年 8 月 2 日、6 日、10 日、18 日两者 δD 差异极显著,8 月 26 日差异显著,8 月 6 日、10 日两者 δ$^{18}$O 差异极显著,8 月 2 日、18 日、26 日差异显著。说明,两者 0~120 cm 土深内土壤水分氢氧同位素有着显著性差异,但足量的降雨入渗会在一定程度上削弱两者的差距。但与梯田对照相比,两流域 δD 与 δ$^{18}$O 均显著较低,出现一定程度的相对贫化。

表 7-4　土壤水的氢氧同位素

| 样品批次 | 项目 | 区域 | | |
|---|---|---|---|---|
| | | 梯田(对照) | 杨家沟 | 董庄沟 |
| 2016-08-02 | δD | −48.56 | −55.73 | −61.75 |
| | δ$^{18}$O | −6.18 | −7.66 | −8.21 |
| 2016-08-06 | δD | −49.67 | −54.84 | −60.50 |
| | δ$^{18}$O | −5.44 | −7.53 | −8.19 |
| 2016-08-10 | δD | −48.15 | −58.52 | −64.83 |
| | δ$^{18}$O | −5.16 | −8.28 | −9.08 |
| 2016-08-18 | δD | −57.81 | −58.72 | −64.11 |
| | δ$^{18}$O | −7.54 | −8.25 | −8.83 |
| 2016-08-26 | δD | −57.65 | −58.66 | −61.89 |
| | δ$^{18}$O | −8.09 | −8.27 | −8.62 |

## 7.4.2　δD 变化

### 7.4.2.1　δD 的时间变化

　　杨家沟、董庄沟与作为参照物的梯田土壤样的 δD 随时间的变化具体见图 7-6。按照采样时间顺序梯田的 δD 平均值依次为 $-48.56‰$、$-49.67‰$、$-48.15‰$、$-57.81‰$、$-57.65‰$,各样次变化范围依次为 $-64.23‰ \sim -37.9‰$、$-62.74‰ \sim -41.56‰$、$-62.74‰ \sim -37.85‰$、$-78.9‰ \sim -43.36‰$、$-78.4‰ \sim -44.43‰$。与之对照,杨家沟历次 δD 平均值依次为 $-55.73‰$、$-54.84‰$、$-58.52‰$、$-58.72‰$、$-58.66‰$,各样次变化范围依次为 $-77.88‰ \sim -38.04‰$、$-76.1‰ \sim -31.61‰$、$-74.17‰ \sim -39.7‰$、$-84.00‰ \sim -40.37‰$、$-77.72‰ \sim -43.17‰$;董庄沟依次为 $-61.75‰$、$-60.5‰$、$-64.83‰$、$-64.11‰$、$-61.89‰$,各样次变化范围依次为 $-86.1‰ \sim -39.87‰$、$-88.85‰ \sim -42.49‰$、$-88.38‰ \sim -42.83‰$、$-81.97‰ \sim -48.32‰$、$-87.3‰ \sim -46.68‰$。监测期间人工梯田土壤水 δD 的平均值为 $-52.37‰$,三者中最大,以平均值为基准,历次 δD 依序分别为均值的 0.93 倍、0.95 倍、0.92 倍、1.10 倍、1.10 倍,经历了先下降、后增大、又下降的变化,变化幅度最大,变化受降雨输入 δD 与蒸发分馏的综合影响。杨家沟与董庄沟 δD 的变化趋势较为一致,两者各次平均值分别为 $-57.30‰$ 与 $-62.62‰$,前者高于后者;以各自平均值为参照,前者各次分别为均值的 0.97 倍、0.96 倍、1.02 倍、1.03 倍、1.02 倍,后者分别为 0.98 倍、0.97 倍、1.04 倍、1.02 倍、0.99 倍,除 2016 年 8 月 26 日外,两者均是先增后减,且变化幅度基本一致。在 2016 年 8 月 23 日、24 日两场合计超过 50 mm 的降雨影响下,由于两流域植被不同,杨家沟林木耗水形成土壤水分亏缺,降雨补充土壤水分仍未达蓄满,而董庄沟相对较高的土壤水分含量造成 26 日产流;因此 26 日两流域土壤水 δD 变化趋势不同,前者降雨入渗较大程度地补充了土壤水分,特别是上中层土壤水分补充过程中降雨相对较低的 δD 与土壤水相对较大的 δD 产生的混合作用使剖面 δD 整体上出现小幅度降低;而后者 δD 贫乏的原土壤水相对较为丰富,特别是中下层土壤水,由于大量 δD 富集的降雨入渗,老水被新水驱替补充一定程度上提高了土壤水 δD 富集度。

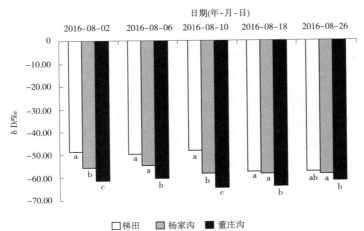

**图 7-6　各样次土壤水的 δD**

#### 7.4.2.2 δD 的剖面变化

土壤水稳定同位素受到降水与土壤水同位素的共同影响,其蒸发蒸腾及入渗补给等共同决定 δD 与 δ¹⁸O 的大小与变化。由图 7-7 中可以看出,各样次梯田、杨家沟与董庄沟 δD 的剖面分布都不均衡。作为对照的梯田土壤水 δD 剖面内分布复杂、多变,3 种地类中各土层变化幅度最宽,但总体上深层的变化范围宽于浅层。杨家沟各样次土壤水 δD 在剖面上的分布形态像上部向右躺倒的"7";与梯田对照不同,各土层时间变化幅度较一致,下层研究时段内的变化幅度微大于上层;由于蒸发分馏,0~40 cm 土层由浅及深土壤水 δD 快速增大;40~100 cm 土层由浅及深土壤水 δD 转而快速减小;从 100 cm 土层开始土壤水 δD 变化减弱。董庄沟土壤水 δD 的剖面分布格局与时间变化趋势总体上与杨家沟较为一致,但剖面上经常出现许多突兀的转折点,说明土壤水分蒸发的不均匀性造成土壤水中重同位素的不均衡富集。杨家沟土壤浅层(0~40 cm)的 δD 一般在-60‰~-40‰分布,而董庄沟 δD 在-60‰~-40‰分布,梯田 δD 分布范围较前两者都大,但在此剖面范围内三者最接近;中层(40~80 cm),三者 δD 保持稳定的显著性差距,大小顺序一般为董庄沟≥杨家沟≥梯田;下层(80~120 cm),杨家沟与董庄沟 δD 基本上保持稳定,且相同土

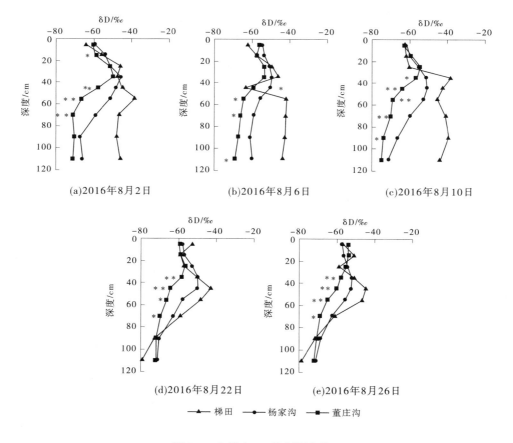

图 7-7 土壤水 δD 的剖面变化

层上两者差距较小,特别是在长时期干旱或充分的雨水补渗后两者更为接近,但梯田 δD 变化仍然较大。分别对杨家沟与董庄沟各土层土壤水的 δD 进行独立样本 T 检验,两者各样次样品在 30~80 cm 土层的差异均达到显著或极显著水平($P<0.05$)。

## 7.4.3   $\delta^{18}O$ 变化

### 7.4.3.1   $\delta^{18}O$ 的时间变化

监测期内梯田的 $\delta^{18}O$ 平均值依次为 -6.18‰、-5.44‰、-5.16‰、-7.54‰、-8.09‰, 各样次变化范围依次为 -8.82‰~-4.52‰、-6.97‰~-3.86‰、-7.65‰~-2.02‰、 -10.67‰~-3.60‰、-10.60‰~-6.15‰。杨家沟各次 $\delta^{18}O$ 平均值分别为 -7.66‰、 -7.53‰、-8.28‰、-8.25‰、-8.27‰,变化范围依次为 -11.07‰~-4.79‰、-10.00‰~ -3.77‰、-10.73‰~-5.27‰、-11.71‰~-5.29‰、-11.15‰~-4.72‰;董庄沟依次为 -8.21‰、-8.19‰、-9.08‰、-8.83‰、-8.62‰,各样次变化范围依次为 -10.87‰~ -5.12‰、-12.44‰~-5.17‰、-11.98‰~-6.13‰、-11.54‰~-4.54‰、-11.52‰~ -4.92‰。人工梯田、杨家沟、董庄沟各次 $\delta^{18}O$ 的平均值分别为 -6.48‰、8.00‰、 -8.59‰,人工梯田三者中最大。人工梯田历次 $\delta^{18}O$ 分别为其均值的 0.95 倍、0.84 倍、0.80 倍、1.16 倍、1.25 倍,经历了先不断增大又持续下降的变化过程,变化幅度最大,蒸发分馏与灌溉、降雨输入 $\delta^{18}O$ 分别决定了前后两个阶段的变化方向。杨家沟与董庄沟 $\delta^{18}O$ 的变化趋势较为一致,前者高于后者;以各自平均值为参照,前者各次分别为均值的 0.96 倍、0.94 倍、1.03 倍、1.03 倍、1.03 倍,后者分别为均值的 0.96 倍、0.95 倍、1.06 倍、1.03 倍、1.00 倍,两者均是先增后减,每次变化幅度相当。各地类 $\delta^{18}O$ 具体变化过程见图 7-8。

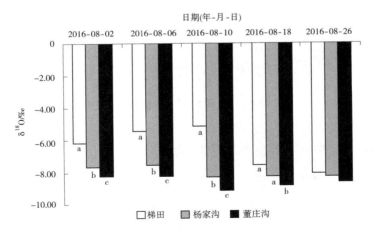

图 7-8   各样次土壤水的 $\delta^{18}O$

### 7.4.3.2   $\delta^{18}O$ 的剖面变化

梯田、杨家沟、董庄沟各样次土壤水 $\delta^{18}O$(见图 7-9)与 δD 的剖面变化非常相似,但与 δD 剖面分布相比,在 0~20 cm 土层 $\delta^{18}O$ 出现短暂的微弱下降,且董庄沟表现更明显,这应该是前期少量降雨入渗对土壤水 $\delta^{18}O$ 蒸发贫化的削弱,而杨家沟植被冠层对降雨的截留减少甚至消除了弱降雨的土壤水补给而导致 $\delta^{18}O$ 在浅表层的贫化削弱较微弱。剖面上,由浅及深杨家沟与董庄沟土壤水 $\delta^{18}O$ 先降后升又降最后趋于稳定,后者变化较剧烈;两者相比,各样次中层(30~80 cm)差异显著或极显著。

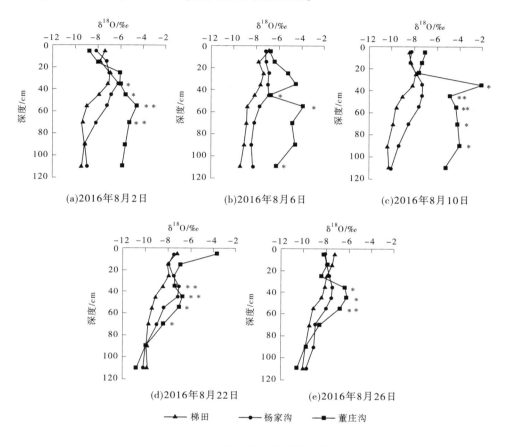

图 7-9　土壤水 $\delta^{18}O$ 的剖面变化

### 7.4.4　土壤水氢氧同位素在不同土层的分布

将梯田、杨家沟、董庄沟各样次不同土层的土壤水氢氧同位素分布与 2016 年 8 月的大气降水线相比较(见图 7-10),发现土壤水氢氧同位素大多围绕降水线上下分布,且随土层加深,土壤水同位素分布由降水线偏下方先向上方移动后又向下移动。这表明作为大气降水是土壤水唯一来源的黄土旱塬,其土壤水同位素变化以大气降水同位素为基础;随土深增加,土壤水蒸发造成的重同位素富集逐渐减弱,由浅层经历不断蒸发、重同位素富集的"老"水逐渐下渗、聚集,形成土壤剖面下层较为稳定的相对较"重"的土壤水。

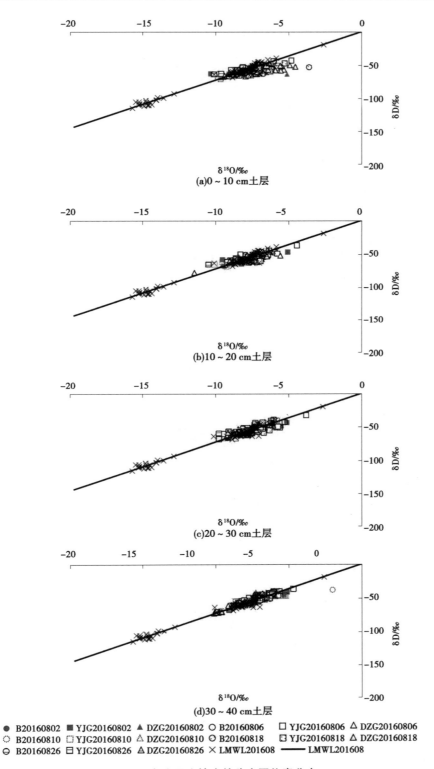

(a)0~10 cm土层

(b)10~20 cm土层

(c)20~30 cm土层

(d)30~40 cm土层

● B20160802 ■ YJG20160802 ▲ DZG20160802 ○ B20160806 □ YJG20160806 △ DZG20160806
◔ B20160810 ⬒ YJG20160810 △ DZG20160810 ◓ B20160818 ⊟ YJG20160818 △ DZG20160818
⊖ B20160826 ⊟ YJG20160826 △ DZG20160826 × LMWL201608 —— LMWL201608

图 7-10　各土层土壤水的稳定同位素分布

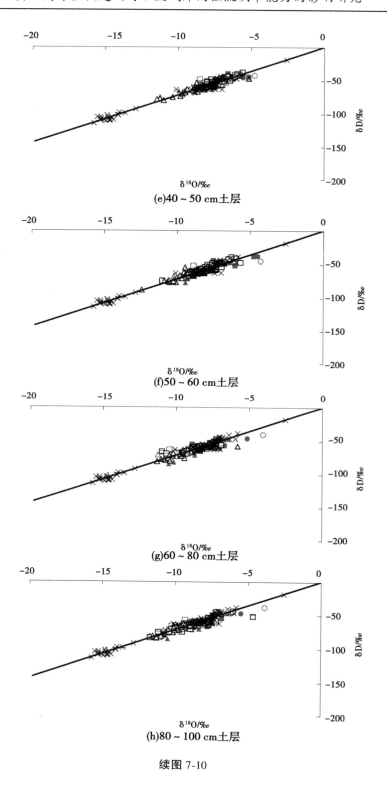

(e)40 ~ 50 cm土层

(f)50 ~ 60 cm土层

(g)60 ~ 80 cm土层

(h)80 ~ 100 cm土层

续图 7-10

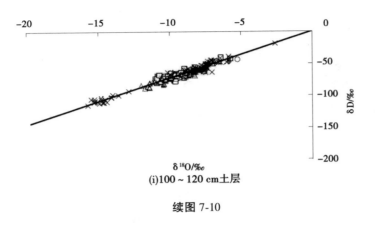

δ¹⁸O/‰

(i)100 ~ 120 cm土层

续图 7-10

# 7.5 蒸发、入渗的对比

## 7.5.1 蒸发

由图 7-11 中 δD 与 δ¹⁸O 的剖面垂向变化可以看出,40 cm 土深是杨家沟重同位素分布的第一个峰值,可以确定其蒸发影响深度是 40 cm;而董庄沟剖面上 δD 的第一个峰值是 60 cm,δ¹⁸O 的第一个峰值与杨家沟同为 40 cm,氢、氧质量的不同,造成两者不同的分馏效应,但 δD 的峰值出现的深度说明董庄沟的蒸发强度确实影响到 60 cm 土深内的土壤水分含量,图 7-12(a)中土壤含水量由土表向下至 60 cm 土深不断增加的垂向变化也印证了蒸发对董庄沟土壤含水量的影响深度。综上所述,杨家沟与董庄沟的蒸发影响深度明显不同。

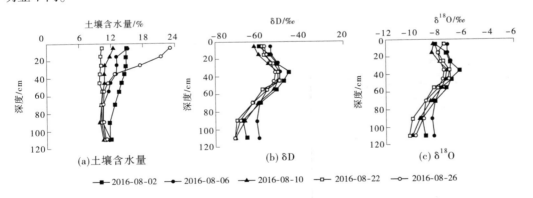

图 7-11 杨家沟土壤水及其氢氧同位素的剖面分布

## 7.5.2 入渗

2016 年 8 月 23 日、24 日超过 50 mm 的降雨量后杨家沟与董庄沟降雨入渗的深度分别为 60 cm 与 50 cm,但后者土壤剖面中存在的大孔隙造成雨水的优先流入渗,以致 60

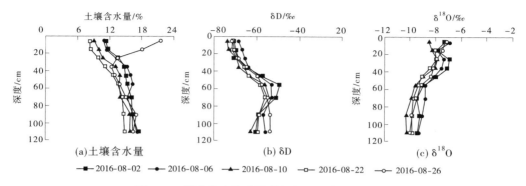

图 7-12　董庄沟土壤水及其氢氧同位素的剖面分布

cm 下部又出现土壤含水量的明显增大(见图 7-12)。根据式(7-2)、式(7-3)计算此次降雨对两流域的补给量分别为 12.24 mm、9.71 mm。

# 7.6　小　结

(1)杨家沟 2016 年 8 月各样次剖面土壤含水量依次为 13.3%、11.9%、10.7%、10.5%、10.5%、10.3%、13.4%、11.5%,均小于董庄沟(依次为 15.2%、15.0%、13.6%、13.4%、13.3%、12.7%、15.9%、15.9%);持续干旱过程中杨家沟土壤水分维持在 10.0% 以上,而董庄沟剖面(0~120 cm)特别是浅层(0~30 cm)土壤水分随干旱却不断下降。

(2)2016 年 8 月研究区雨水 $\delta D$ 在 $-114.81‰ \sim 10.6‰$、$\delta^{18}O$ 在 $-15.71‰ \sim 1.49‰$ 范围内变化,研究区域 2016 年 8 月的大气降水线方程为:$\delta D = 7.296\ 3\delta^{18}O + 0.866\ 3$ ($R^2 = 0.971\ 7$),与全球大气降水线 GMWL 极为接近,受二次蒸发影响,降水同位素表现出轻微分馏效应。

(3)杨家沟与董庄沟 2016 年 8 月土壤水分 $\delta D$ 和 $\delta^{18}O$ 前者>后者,与梯田对照相比两者 $\delta D$ 与 $\delta^{18}O$ 均显著较低,有贫化现象。杨家沟与董庄沟的蒸发影响深度分别为 40 cm 与 60 cm;2016 年 8 月 23 日、24 日超过 50 mm 的降雨后杨家沟与董庄降雨入渗的深度分别为 60 cm 与 50 cm,降雨补给量分别为 12.24 mm、9.71 mm,后者均高于前者。

# 第 8 章　结论与展望

本书通过研究流域与对比流域的对照土壤采样、实验室分析、模型模拟与水文统计分析,以空间代时间的思维对生态措施带来的径流与植被变化、枯落物与土壤水文响应进行对比分析,以定量研究生态建设影响下小流域径流调节能力的变化及枯落物、土壤因素的影响方式及过程。

## 8.1　结　论

### 8.1.1　小流域降雨径流及其调蓄能力的变化

通过降雨与径流的时间变化与流域对比分析,多层次分析了植被建设小流域的降雨径流变化,确定了植被建设对降雨径流调节能力的影响及其局限性。

(1)研究区域 1961—2014 年降雨变化不显著,在 3~4 个丰–枯转换期中先后出现 4 个降雨量偏多中心(1962 年、1972 年、1997 年、2014 年)和 3 个偏少中心(1970 年、1987 年、2006 年)。在此过程中,杨家沟与董庄沟年与汛期洪水次数不断减少并趋同;多年平均径流深、侵蚀量、汛期径流系数不断增加但不显著。

(2)不同等级的降雨产流、产沙特征不同,往往反映出不同的降雨径流关系,杨家沟与董庄沟各植被建设阶段次均雨量与雨强均处于上升趋势,末期较初期分别提高了18.64%、78.57% 与 29.27%、23.63%;两者产流阈值愈来愈高,即流域对降雨径流的调蓄能力愈来愈强,但后者始终较弱。

(3)通过 K–均值聚类与系统聚类将次降雨划分为小雨量高强度、大雨量高强度、大雨量低强度、小雨量低强度 4 类,不同降雨类型产流的平均洪水深、侵蚀模数与洪峰流量由小到大的排序分别依次为 I 类、IV 类、III 类、II 类;IV 类、I 类、III 类、II 类;IV 类、III 类、I 类、II 类。随着时间的发展,IV 类降雨次数下降,I、II、III 类降雨增多。对比研究 I 类、IV 类典型降雨的洪水过程,杨家沟同次降雨–洪水的洪峰流量、洪量与单位面积土壤侵蚀量都小于董庄沟;杨家沟在高强度降雨下虽然雨水的蓄存能力受到限制,但洪峰被大幅度削弱、土壤侵蚀量下降明显;人工林小流域对极端降雨的调控作用不足,降雨径流调节能力有雨量、雨强局限。

(4)径流深 $H_r$ 与洪峰流量模数 FM 的回归分析表明雨量或雨强超过了某一阈值,再增加的雨量就完全是净雨部分,造成产流系数的非线性增长;杨家沟与董庄沟各类降雨洪峰流量模数的回归系数随治理阶段演替除极个别出现增大现象外都处于下降态势,且相同阶段、降雨类型的洪峰流量模数的回归系数基本上董庄沟大于杨家沟,这说明人工林小流域能有效削减洪峰、坦化径流。

### 8.1.2　小流域枯落物的降雨径流调节能力

通过对比流域枯落物的对照调查、采样与试验,测算了不同小流域枯落物的结构、蓄存量及其持水速率与能力,分析了人工林小流域枯落物的降雨径流调蓄优势,揭示了植被建设小流域枯落物的结构、持水特征及其降雨径流调节能力。

(1)经过 60 年的生态恢复,杨家沟形成了人工林草复合生态系统,而董庄沟形成了以本地草本植物为主的荒草地生态系统,前者的植被盖度、多样性及生物量均高于后者。两流域枯落物平均厚度分别为 4.03 cm、1.96 cm。4 月,前者枯落物平均蓄积量 7.75 t/hm²,未分解、半分解、完全分解部分的占比分别为 21.42%、41.03%、37.55%;后者 6.68 t/hm²,各部分比例分别为 18.11%、27.25%、54.64%。11 月,两流域枯落物平均蓄积量分别为 10.29 t/hm²、8.59 t/hm²,其中半分解枯落物组分最多。

(2)杨家沟枯落物持水率随分解程度下降,4 月未分解、半分解、完全分解枯落物的最大持水率分别为 307.14%、279.72%、220.28%,11 月分别为 283.66%、262.73%、198.98%;董庄沟半分解枯落物的持水率最高,完全分解枯落物的最小,两个月枯落物各组分的最大持水率依次为 275.04%、293.18%、217.10% 与 259.52%、287.02%、208.92%。两者 4 月未分解、半分解、完全分解枯落物的自然持水率分别为 5.22%、8.81%、10.46% 与 2.66%、7.26%、8.67%,11 月分别为 4.19%、7.70%、9.86% 与 2.55%、6.54%、8.03%,前者枯落物自然蓄水较多,一定程度上削弱了枯落物的有效降雨径流拦蓄量。枯落物的降雨有效拦蓄率与拦蓄量杨家沟均高于董庄沟,4 月高于 11 月;两者 4 月与 11 月的有效拦蓄率分别为 215.70%、197.62% 与 204.58%、185.91%,有效拦蓄量分别为 16.77 t/hm²、20.31 t/hm² 与 13.72 t/hm²、15.88 t/hm²,有效拦蓄水深分别为 1.68 mm、2.03 mm 与 1.37 mm、1.59 mm。

(3)两流域枯落物各组分的吸水速率与浸泡时间均呈显著的幂函数关系;枯落物吸水速率浸水初期最高,随浸泡时间增加不断下降至接近零,降速先急后缓;浸泡过程中杨家沟枯落物的吸水速率始终高于董庄沟,两者差距先扩大后缩小,浸泡 1 h 时差距最大。这说明降雨初期枯落物的降雨径流调蓄速度最高,随降雨时长增加枯落物的降雨径流调蓄速度与调蓄容量不断下降;单位降雨时间内同等雨强条件下杨家沟枯落物比董庄沟能够吸持更多的雨水,降雨 1 h 内前者的降雨拦蓄优势最明显。

### 8.1.3　小流域的土壤水文特征

通过对比流域相关土壤水文指标、水力学性质的对照采样与试验,分析了不同植被条件下小流域土壤水分理化指标及水力学性质的差异,阐述了植被建设对土壤水文特征的影响。

(1)60 cm 土深内,杨家沟与董庄沟土壤容重分别为 1.24±0.12 g/cm³、1.21±0.11 g/cm³;土壤孔隙度分别为 54.23%、55.28%,透气与持水性能均较好;有机质含量分别为 12.78± 9.21 g/kg、11.13±8.07 g/kg;黏粒、粉粒、砂粒含量平均值分别为 19.24±3.02%、68.35± 2.54%、12.41±4.03% 与 18.20±2.83%、69.00±2.18%、12.40±4.49%,均属粉(砂)壤土。两者土壤容重、有机质、机械组成、孔隙度均无显著差异($P<0.05$),表明两种生态恢复方

式、相同土壤与环境背景下土壤水文理化特性半世纪的演化结果是一致的,植被建设对土壤水文指标没有产生显著性影响。

(2)杨家沟 10 ℃时饱和导水率平均值为 0.43 mm/min,稍低于董庄沟(0.44 mm/min)。两流域土壤水分特征曲线的变化趋势基本一致,均呈现低土壤水吸力区段曲线陡直、急速下降,高吸力区段曲线缓平、变化微弱的特点;相比较,各基质势下杨家沟土壤含水量始终大于董庄沟;两流域比水容量随土壤基质势由小到大的变化趋势相同,但前者大于后者,两者差距先增大后缩小,最后在高基质势阶段以较低水平达到平衡,说明前者土壤水分的有效性提高、供水容量扩大、耐旱性增强。

### 8.1.4 小流域土壤的降雨径流调节能力

通过对比流域的土壤水分及其氢氧同位素同步监测,计算了植被建设小流域土壤的次降雨调蓄量,阐明了植被建设对小流域土壤的水分特征及降雨径流调节能力的影响。

(1)2016 年 8 月,持续干旱过程中,杨家沟剖面(0~120 cm)土壤含水量小于董庄沟;前者土壤含水量由土表至土深 100 cm 内不断下降、100~120 cm 土层转而上升,后者由土表向下不断上升;两者 30 cm 土深处的土壤湿度相当(等水量层),干旱使等水量层下移,降雨入渗补给使其上移,但从此土层开始,土体越深、越浅处两者土壤含水量差距越大;前者土壤水分变化幅度宽,补、用能力强,土壤对降雨的调蓄弹性大。

(2)2016 年 8 月研究区雨水 $\delta D$ 在-114.81‰~10.6‰、$\delta^{18}O$ 在-15.71‰~1.49‰范围内变化;大气降水线方程为:$\delta D = 7.296\ 3\delta^{18}O + 0.866\ 3$($R^2 = 0.971\ 7$),与全球大气降水线 GMWL 极为接近。

(3)杨家沟与董庄沟 2016 年 8 月土壤水分 $\delta D$ 和 $\delta^{18}O$ 前者>后者,与梯田对照相比两者 $\delta D$ 与 $\delta^{18}O$ 均显著较低,有贫化现象。杨家沟与董庄沟的蒸发影响深度分别为 40 cm 与 60 cm;2016 年 8 月 23 日、24 日超过 50 mm 的降雨后杨家沟与董庄沟降雨入渗的深度分别为 60 cm 与 50 cm,降雨补给量分别为 12.24 mm 与 9.71 mm,前者均显著高于后者。可见,植被建设确实增加了流域土壤水分消耗,但也在一定程度上改善了土壤的降雨入渗补给能力,提高了土壤的雨水调蓄容量。

## 8.2 创新点

(1)基于对比流域的次降雨定量研究了人工林小流域不同降雨类型下的径流量与洪峰流量变化,发现人工林对极端降雨的径流调节能力不足,提出植被建设小流域降雨径流调节能力存在雨量、雨强局限。

(2)结合氢氧同位素示踪,基于次降雨分别估算了人工林小流域杨家沟与荒草地小流域董庄沟的土壤调蓄能力,定量对比了植被建设影响下的小流域降雨径流调节能力。

## 8.3 研究展望

(1)本书通过室内浸泡试验来研究枯落物的吸水过程与持水特征,并通过经验公式测算、层层还原枯落物的实际降雨拦蓄能力,这种静态的理论化的枯落物水文试验操作中主观随意性大,实践中可迁移与概化潜力有限;单一、片面的试验结果只能粗略框定枯落物生物组织的吸水能力,而不能反映并量化自然环境中枯落物结构与状态对降雨的阻滞、暂时蓄存及其大量的圈蓄水量对于降雨入渗方式、速率及产汇流的影响。如何在人工降雨与天然降雨环境下系统研究枯落物的水文效用是一个值得深入探讨的领域。

(2)降雨在土壤中的二次分配是一个复杂的过程,同位素示踪是当前进行土壤水分变化与运动研究的有效手段。本次研究中发现杨家沟与董庄沟 120 cm 土壤剖面内土壤水分的变化仍然频繁而剧烈,以后研究中应拓展土壤水分及其同位素的监测与采样深度,增加沟道水监测与采样,系统研究降雨分配过程。

# 参 考 文 献

安芷生,符淙斌,2001. 全球变化科学的进展[J]. 地球科学进展,16(5):671-680.

白一茹,王幼奇,王建宇,2015. 黄土高原雨养区坡面土壤水力学性质空间特征及影响因素[J]. 水土保持研究,22(4):168-172,177.

勃海锋,刘国彬,王国梁,2007. 黄土丘陵区退耕地植被恢复过程中土壤入渗特征的变化[J]. 水土保持通报,27(3):1-5.

蔡庆,唐克丽. 植被对土壤侵蚀影响的动态分析[J]. 水土保持学报,1992,6(2):47-51.

曹国栋,陈接华,夏军,等,2013. 玛纳斯河流域扇缘带不同植被类型下土壤物理性质[J]. 生态学报,33(1):195-204.

陈风琴,石辉,2005. 缙云山常绿阔叶林土壤大孔隙与入渗性能关系初探[J]. 西南师范大学学报(自然科学版),30(2):350-353.

陈洪松,王克林,邵明安,2005. 黄土区人工林草植被深层土壤干燥化研究进展[J]. 林业科学,41(4):155-161.

陈洪松,邵明安,王克林,2005. 黄土区深层土壤干燥化与土壤水分循环特征[J]. 生态学报,25(10):2491-2498.

陈俊英,柴红阳,Gillerman L,等,2018. 再生水水质对斥水和亲水土壤水分特征曲线的影响[J]. 农业工程学报,34(11):121-127.

陈攀攀,常宏涛,毕华兴,等,2011. 黄土高塬沟壑区典型小流域土地利用变化及其对水土流失的影响[J]. 中国水土保持科学,9(2):57-63.

陈鹏飞,陈丽华,余新晓,等,2010. 沟壑综合整治对小流域水沙的影响[J]. 水土保持研究,17(2):100-104.

陈晓宏,涂新军,谢平,等,2010. 水文要素变异的人类活动影响研究进展[J]. 地球科学进展,25(8):800-811.

陈学文,张晓平,梁爱珍,等,2012. 耕作方式对黑土耕层孔隙分布和水分特征的影响[J]. 干旱区资源与环境,26(6):114-120.

程立平,刘文兆,2012. 黄土塬区几种典型土地利用类型的土壤水稳定同位素特征[J]. 应用生态学报,23(3):651-658.

程立平,刘文兆,李志,2014. 黄土塬区不同土地利用方式下深层土壤水分变化特征[J]. 生态学报,34(8):1975-1983.

丁访军,王兵,钟洪明,等,2009. 赤水河下游不同林地类型土壤物理特性及其水源涵养功能[J]. 水土保持学报,23(3):179-231.

丁琳霞,2000. 黄土高原水土保持的水文环境效应研究进展[J]. 西北水资源与水工程,11(1):17-21.

董磊华,熊立华,于坤霞,等,2012. 气候变化与人类活动对水文影响的研究进展[J]. 水科学进展,23(2):278-285.

段良霞,黄明斌,张洛丹,等,2015. 黄土高原沟壑区坡地土壤水分状态空间模拟[J]. 水科学进展,26(5):649-659.

冯嘉仪,储双双,王婧,等,2018. 华南地区几种典型人工林土壤有机碳密度及其与土壤物理性质的关系[J]. 华南农业大学学报,39(1):83-90.

冯晓明,傅伯杰,苏常红.黄土高原地区生态修复对水资源的影响[A].中国地理学会.地理学核心问题与主线:中国地理学会 2011 年学术年会暨中国科学院新疆生态与地理研究所建所五十年庆典论文摘要集[C].乌鲁木齐:中国地理学会,2011:44.

傅子洹,王云强,安芷生,2015.黄土区小流域土壤容重和饱和导水率的时空动态特征[J].农业工程学报,31(13):128-134.

郭永强,王乃江,褚晓升,等.2019.基于 Google Earth Engine 分析黄土高原植被覆盖变化及原因[J].中国环境科学,39(11):4804-4811.

郭正,李军,张玉娇,等,2016.黄土高原不同降水量区旱作苹果园地水分生产力和土壤干燥化效应模拟与比较[J].自然资源学报,31(1):135-150.

郝占庆,王力华,1998.辽东山区主要森林类型林地土壤涵蓄水性能的研究[J].应用生态学报,9(3):14-18.

何长高,董增川,石景元,等.2009.水土保持的水文效应分布式模拟[J].水科学进展,20(4):584-589.

胡晓聪,黄乾亮,金亮,2017.西双版纳热带山地雨林枯落物及其土壤水文功能[J].应用生态学报,28(1):55-63.

胡春宏,2018.黄河流域水沙变化机理与趋势预测[J].中国环境管理,10(1):97-98.

黄金柏,付强,桧谷治,等,2011.黄土高原小流域淤地坝系统水收支过程的数值解析[J].农业工程学报,27(7):51-57.

黄明斌,刘贤赵,2002.黄土高原森林植被对流域径流的调节作用[J].应用生态学报,13(9):1057-1060.

黄艳丽,李占斌,苏辉,等,2018.人工林对黄土高原小流域上下游不同坡面土壤水分的影响[J].农业工程学报,34(15):108-116.

黄艳丽,李占斌,苏辉,等,2019.黄土高原不同生态治理小流域土壤有机质、容重及黏粒含量的对比[J].应用生态学报,30(2):370-378.

靳宇蓉,鲁克新,李鹏,等.基于稳定同位素的土壤水分运动特征[J].土壤学报,2015,52(4):792-801.

俱战省,郑粉莉,刘文兆,2013.黄土高原南部小流域土壤水分时程变化的分层特征及其驱动机制[J].干旱地区农业研究,31(5):28-33.

雷泳南,张晓萍,张建军,等,2013.窟野河流域河川基流量变化趋势及其驱动因素[J].生态学报,33(5):1559-1568.

李昌荣,屠六邦,1983.关于森林对河川年流量的影响及其意义[J].南京林业大学学报(自然科学版),7(3):31-43.

李二辉,穆兴民,赵广举,2014.1919—2010 年黄河上中游区径流量变化分析[J].水科学进展,25(2):155-163.

李海防,杨章旗,韦理电,等,2011.广西华山林场 5 种典型人工林水文功能评价[J].安徽农业大学学报,38(2):170-175.

李怀恩,赵静,王清华,等,2004.黄土区坡面与小流域植被变化的水文效应分析[J].水力发电学报,23(6):98-102,197.

李军,王学春,邵明安,等,2010.黄土高原 3 个不同降水量地点油松林地水分生产力与土壤干燥化效应模拟[J].林业科学,46(11):25-35.

李丽娟,姜德娟,杨俊伟,等,2010.陕西大理河流域土地利用/覆被变化的水文效应[J].地理研究,29(7):1233-1243.

李玉山,1983.黄土区土壤水分循环特征及其对陆地水分循环的影响[J].生态学报,3(2):91-101.

李玉山,1997.黄土高原治理开发与黄河断流的关系[J].水土保持通报,17(6):41-45.

李玉山,2001.黄土高原森林植被对陆地水循环影响的研究[J].自然资源学报,16(5):427-432.

李裕元,邵明安,陈洪松,等,2010.水蚀风蚀交错带植被恢复对土壤物理性质的影响[J].生态学报,30(16):4306-4316.

李强,周道玮,陈笑莹,2014.地上枯落物的累积、分解及其在陆地生态系统中的作用[J].生态学报,34(14):3807-3819.

李航,严方晨,焦菊英,等,2018.黄土丘陵沟壑区不同植被类型土壤有效水和持水能力[J].生态学报,38(11):3889-3898.

廖凯华,徐绍辉,程桂福,2009.大沽河流域土壤饱和导水率空间变异特征[J].土壤,41(1):147-151.

梁四海,徐德伟,万力,等,2008.黄河源区基流量的变化规律及影响因素[J].地学前缘,15(4):280-289.

刘昌明,钟骏襄,1978.黄土高原森林对年径流影响的初步分析[J].地理学报,33(2):112-127.

刘昌明,张学成,2004.黄河干流实际来水量不断减少的成因分析[J].地理学报,59(3):323-330.

刘昌明,2004.黄河流域水循环演变若干问题的研究[J].水科学进展,15(5):608-614.

刘二佳,张晓萍,谢名礼,等,2015.生态恢复对流域水沙演变趋势的影响及其程度分析:以陕北吴旗县为例[J].生态学报,35(3):622-629.

刘建立,徐绍辉,刘慧,2004.估计土壤水分特征曲线的间接方法研究进展[J].水利学报,35(2):68-76

刘目兴,吴丹,吴四平,等,2016.三峡库区森林土壤大孔隙特征及对饱和导水率的影响[J].生态学报,36(11):3189-3196.

刘平贵,李雪菊,2001.黄土高原缺水的地质环境及找水途径[J].水文地质工程地质,28(3):18-22.

刘世荣,温远光,王兵,等.中国森林生态系统水文生态功能规律[M].北京:中国林业出版社,1996:199-221.

刘思春,张一平,朱建楚,等,2000.温度对非饱和水分运动的影响[J].西北农业大学学报,28(4):30-33.

刘晓燕,刘昌明,杨胜天,等,2014.基于遥感的黄土高原林草植被变化对河川径流的影响分析[J].地理学报,69(11):1595-1603.

刘晓燕,马思远,党素珍,2017.黄河流域近百年产沙情势变化[J].泥沙研究,42(5):1-6.

刘秀花,王蕊,胡安焱,等,2016.颗粒组成对包气带水分运动参数的通径分析[J].沈阳农业大学学报,47(3):320-326.

吕刚,王磊,李叶鑫,等,2017.辽西低山丘陵区针叶林与阔叶林枯落物持水性对比[J].中国水土保持科学,15(4):51-59.

马正锐,程积民,班松涛,等.2012.宁夏森林枯落物储量与持水性能分析[J].水土保持学报,26(4):199-203,238.

马雪华,杨茂瑞,胡星弼.亚热带杉木、马尾松人工林水文功能的研究[J].林业科学,1993,29(3):199-206.

孟春红,夏军,2004."土壤水库"储水量的研究[J].节水灌溉,28(4):8-10.

孟晗,黄远程,史晓亮,2019.黄土高原地区2001—2015年植被覆盖变化及气候影响因子[J].西北林学院学报,34(1):211-217.

莫兴国,刘苏峡,林忠辉,等.无定河流域水量平衡变化的模拟[J].地理学报,2004,59(3):341-348.

穆兴民,徐学选,王文龙,1998.黄土高原沟壑区小流域水土流失治理对径流的效应[J].干旱区资源与环境,12(4):120-127.

穆兴民,陈霁伟,1999.黄土高原水土保持措施对土壤水分的影响[J].土壤侵蚀与水土保持学报,5(4):39-44.

穆兴民,徐学选,王文龙,等,2003.黄土高原人工林对区域深层土壤水环境的影响[J].土壤学报,40(2):210-217.

穆兴民,李靖,王飞,等,2004.基于水土保持的流域降水-径流统计模型及其应用[J].水利学报,35(5):

122-128.

穆兴民,巴桑赤烈,Zhang Lu,等,2007.黄河河口镇至龙门区间来水来沙变化及其对水利水保措施的响应[J].泥沙研究,51(2):36-41.

潘春翔,李裕元,彭亿,等.2012.湖南乌云界自然保护区典型生态系统的土壤持水性能[J].生态学报,32(2):538-547.

彭舜磊,由文辉,沈会涛,2010.植被群落演替对土壤饱和导水率的影响[J].农业工程学报,26(11):78-84.

彭云莲,金兆梁,吕刚,等,2018.浑河源头水源涵养林枯落物持水能力研究[J].沈阳农业大学学报,49(5):613-620.

秦耀东,胡克林,1998.大孔隙对农田耕作层饱和导水率的影响[J].水科学进展,9(2):107-111.

山仑.我国著名水土保持专家工程院山仑院士论黄土高原治理与黄河断流问题[J].水土保持通报.1999,19(2):0.

邵薇薇,杨大文,孙福,等,2009.黄土高原地区植被与水循环的关系[J].清华大学学报(自然科学版),49(12):1958-1962.

邵明安,贾小旭,王云强,等,2016.黄土高原土壤干层研究进展与展望[J].地球科学进展,31(1):14-22.

石佳竹,许涵,林明献,等,2019.海南尖峰岭热带山地雨林凋落物产量及其动态[J].植物科学学报,37(5):593-601.

宋艳华,马金辉,2008.SWAT模型辅助下的生态恢复水文响应:以陇西黄土高原华家岭南河流域为例[J].生态学报,28(2):636-644.

宋晓猛,张建云,占车生,等,2013.气候变化和人类活动对水文循环影响研究进展[J].水利学报,44(7):779-790.

孙长忠,黄宝龙,陈海滨,等,1998.黄土高原人工植被与其水分环境相互作用关系研究[J].北京林业大学学报,20(3):10-17.

孙迪,夏静芳,关德新,等,2010.长白山阔叶红松林不同深度土壤水分特征曲线[J].应用生态学报,21(6):1405-1409.

孙芳强,尹立河,马洪云,等,2016.新疆三工河流域土壤水 δD 和 δ[18]O 特征及其补给来源[J].干旱区地理(汉文版),39(6):1298-1304.

孙阁,1987.森林对河川径流影响及其研究方法的探讨[J].自然资源研究,8(2):67-71.

孙立达,朱金兆.水土保持林体系综合效益研究与评价[M].北京:中国科学技术出版社,1995:341-347.

孙岩,王一博,孙哲,等,2017.有机质对青藏高原多年冻土活动层土壤持水性能的影响[J].中国沙漠,37(2):288-295.

索立柱,黄明斌,段良霞,等,2017.黄土高原不同土地利用类型土壤含水量的地带性与影响因素[J].生态学报,37(6):2045-2053.

王治国,胡振华,段喜明,等,1999.黄土残塬区沟坝地淤积土壤特征比较研究[J].水土保持学报,5(4):22-27.

王国梁,刘国彬,常欣,等,2002.黄土丘陵区小流域植被建设的土壤水文效应[J].自然资源学报,17(3):339-344.

万荣荣,杨桂山,2004.流域土地利用/覆被变化的水文效应及洪水响应[J].湖泊科学,16(3):258-264.

王红闪,黄明斌,张橹,2004.黄土高原植被重建对小流域水循环的影响[J].自然资源学报,19(3):344-350.

王光谦,张长春,刘家宏,等,2006.黄河流域多沙粗沙区植被覆盖变化与减水减沙效益分析[J].泥沙研究,31(2):10-16.

王经民,王灿,赵斌,等,2016.不同林龄枣林土壤水分分布模型[J].西北林学院学报,31(2):55-59.

王万忠,焦菊英,1996.黄土高原坡面降雨产流产沙过程变化的统计分析[J].水土保持通报,16(5):21-28.

王小彬,蔡典雄,1996.不同农业措施对土壤持水特征的影响及其保水作用[J].植物营养与肥料学报,2(4):297-304.

王修康,戚兴超,刘艳丽,等,2018.泰山山前平原三种土地利用方式下土壤结构特征及其对土壤持水性的影响[J].自然资源学报,33(1):63-74.

王红兰,蒋舜媛,崔俊芳,等,2018.不同形成时间鼢鼠鼠丘土壤水力学性质的对比[J].水土保持学报,32(3):180-184,190.

王礼先,张志强,2001.干旱地区森林对流域径流的影响[J].自然资源学报,16(5):439-444.

位贺杰,张艳芳,朱妮,等,2015.基于MOD16数据的渭河流域地表实际蒸散发时空特征[J].中国沙漠,35(2):414-422.

邬铃莉,王云琦,王晨沣,等,2017.降雨类型对北方土石山区坡面土壤侵蚀的影响[J].农业工程学报,33(24):157-164.

武夏宁,胡铁松,王修贵,等,2006.区域蒸散发估算测定方法综述[J].农业工程学报,22(10):257-262.

吴钦孝,2005.黄土高原森林对流域径流量的影响[J].东北林业大学学报,33(增刊):1-3.

吴祥云,李文超,何志勇,等,2013.辽东山地核桃楸天然次生林林地蓄水入渗能力试验[J].辽宁工程技术大学学报(自然科学版),32(11):1501-1504.

夏江宝,陆兆华,高鹏,等,2009.黄河三角洲滩地不同植被类型的土壤贮水功能[J].水土保持学报,23(5):72-95.

肖强,陶建平,肖洋,2016.黄土高原近10年植被覆盖的动态变化及驱动力[J].生态学报,36(23):7594-7602.

谢名礼,张晓萍,刘二,等,2013.黄土高原森林/非森林流域径流稳定性及其演变趋势对比[J].水土保持通报,33(3):149-153.

徐炳成,山仑,陈云明,2003.黄土高原半干旱区植被建设的土壤水分效应及其影响因素[J].中国水土保持科学,1(4):32-35.

徐学选,崔小琳,穆兴民,1999.黄土高原水土保持与水环境[J].水土保持通报,19(5):44-48,53.

徐学选,穆兴民,王炜,2003.基于水土保持的延河流域治理水文响应模型[J].中国水土保持科学,1(4):20-24.

徐学选,张北赢,田均良,2010.黄土丘陵区降水-土壤水-地下水转化实验研究[J].水科学进展,21(1):16-22.

徐英德,汪景宽,高晓丹,等,2018.氢氧稳定同位素技术在土壤水研究上的应用进展[J].水土保持学报,32(3):1-9,15.

杨文治,2001.黄土高原土壤水资源与植树造林[J].自然资源学报,16(5):433-438.

杨磊,卫伟,莫保儒,等,2011.半干旱黄土丘陵区不同人工植被恢复土壤水分的相对亏缺[J].生态学报,31(11):3060-3068.

杨永刚,李国琴,焦文涛,等,2016.黄土高原丘陵沟壑区包气带土壤水运移过程[J].水科学进展,27(4):529-534.

杨婷婷,姚国征,丁勇,等,2019.放牧对内蒙古典型草原枯落物积累及分解的影响[J].干旱区资源与环境,33(2):171-176.

姚雪玲,傅伯杰,吕一河,2012.黄土丘陵沟壑区坡面尺度土壤水分空间变异及影响因子[J].生态学报,32(16):4961-4968.

叶正伟,殷鹏,2018.淮河流域汛期候尺度降水集中度与集中期的时序变化特征[J].水土保持研究,25(5):295-299.

易小波,贾小旭,邵明安,等,2017.黄土高原区域尺度土壤干燥化的空间和季节分布特征[J].水科学进展,28(3):1-9.

殷水清,王杨,谢云,等,2014.中国降雨过程时程分型特征[J].水科学进展,25(5):617-624.

鱼腾飞,冯起,司建华,等,2011.遥感结合地面观测估算陆地生态系统蒸散发研究综述[J].地球科学进展,26(12):1260-1268.

余新晓,赵玉涛,张志强,等,2003.长江上游暗针叶林土壤水分入渗特征研究[J].应用生态学报,14(1):15-19.

袁希平,雷廷武,2004.水土保持措施及其减水减沙效益分析[J].农业工程学报,20(2):296-300.

张志强,王礼先,余新晓,等,2001.森林植被影响径流形成机制研究进展[J].自然资源学报,16(1):79-84.

张红娟,延军平,周立花,等,2007.黄土高原淤地坝对水资源影响的初步研究:以绥德县韭园沟典型坝地为例[J].西北大学学报(自然科学版),37(3):475-478.

张信宝,2003.黄土高原植被建设的科学检讨和建议[J].中国水土保持,23(1):21,36.

张海,张立新,柏延芳,等,2007.黄土峁状丘陵区坡地治理模式对土壤水分环境及植被恢复效应[J].农业工程学报,23(11):108-113.

张建军,纳磊,董煌标,等,2008.黄土高原不同植被覆盖对流域水文的影响[J].生态学报,28(8):3597-3605.

张建军,李慧敏,徐佳佳,2011.黄土高原水土保持林对土壤水分的影响[J].生态学报,31(23):71-81.

张扬,赵世伟,梁向锋,等,2009.黄土高原土壤水库及其影响因子研究评述[J].水土保持研究,16(2):147-151.

张凯,冯起,吕永清,等,2011.民勤绿洲荒漠带土壤水分的空间分异研究[J].中国沙漠,31(5):1149-1155.

张学伍,陈云明,王铁梅,等,2012.黄土丘陵区中龄至成熟油松人工林的水文效应动态[J].西北农林科技大学学报(自然科学版),40(1):93-100.

张晨成,邵明安,王云强,2012.黄土区坡面尺度不同植被类型下土壤干层的空间分布[J].农业工程学报,28(17):102-108.

张含玉,方怒放,史志华,2016.黄土高原植被覆盖时空变化及其对气候因子的响应[J].生态学报,36(13):3960-3968.

张湘潭,曾辰,张凡,等,2014.藏东南典型小流域土壤饱和导水率和土壤容重空间分布[J].水土保持学报,28(1):69-72.

张远东,刘彦春,顾峰雪,等,2019.川西亚高山五种主要森林类型凋落物组成及动态[J].生态学报,39(2):502-508.

张志强,王礼先,洪惜英,1993.晋西黄土区水土保持林造林整地工程效益的研究[J].北京林业大学学报,15(2):63-67.

张志强,余新晓,2003.森林对水文过程影响研究进展[J].应用生态学报,14(1):113-116.

赵鸿雁,吴钦孝,刘国彬,2003.黄土高原人工油松林水文生态效应[J].生态学报,23(2):376-379.

赵世伟,周印东,吴金水,2003.子午岭次生植被下土壤蓄水性能及有效性研究[J].西北植物学报,23(8):1389-1392.

赵文武,傅伯杰,陈利顶,等,2004.黄土丘陵沟壑区集水区尺度土地利用格局变化的水土流失效应[J].生态学报,24(7):1358-1364.

赵勇钢,赵世伟,曹丽花,等,2008.半干旱典型草原区退耕地土壤结构特征及其对入渗的影响[J].农业工程学报,25(6):14-20.

赵永宏,刘贤德,张学龙,等,2016.祁连山区亚高山灌丛土壤含水量的空间分布与月份变化规律[J].自然资源学报,31(4):672-681.

赵鸣飞,薛峰,吕烨,等,2016.黄土高原森林枯落物储量、厚度分布规律及其影响因素[J].生态学报,36(22):7364-7373.

周以侠,2009.建设生态文明的科学内涵及其重要意义[J].重庆工学院学报(社会科学版),3(11):102-105.

周娟,陈丽华,郭文体,等,2013.大辽河流域水源涵养林枯落物持水特性研究[J].水土保持通报,33(4):136-141.

周敏敏,瞿思敏,石朋,等,2015.淮河上游大坡岭流域土地利用方式变化引起的流域滞时变化[J].河海大学学报(自然科学版),43(2):100-106.

周华,刘琪璟,2018.九连山亚热带常绿阔叶林小流域气候及水文特征分析[J].资源科学,40(1):125-136.

郑纪勇,邵明安,张兴昌,2004.黄土区坡面表层土壤容重和饱和导水率空间变异特征[J].水土保持学报,18(3):53-56.

郑江坤,魏天兴,朱金兆,等,2010.黄土丘陵区自然恢复与人工修复流域生态效益对比分析[J].自然资源学报,25(6):990-1000.

邹文秀,韩晓增,江恒,等,2011.东北黑土区降水特征及其对土壤水分的影响[J].农业工程学报,27(9):196-202.

朱会利,杨改河,韩新辉,2011.陕北安塞县水文要素变化特征分析[J].西北农林科技大学学报(自然科学版),39(8):178-184.

朱金兆,刘建军,朱清科,等,2002.森林凋落物层水文生态功能研究[J].北京林业大学学报,24(5/6):30-34.

朱芮芮,郑红星,刘昌明,2010.黄土高原典型流域地下水补给-排泄关系及其变化[J].地理科学,30(1):108-112.

朱显谟,2000.抢救"土壤水库"治理黄土高原生态环境[J].中国科学院院刊,5(4):293-295.

朱显谟,2000.试论黄土高原的生态环境与"土壤水库":重塑黄土地的理论依据[J].第四纪研究,20(6):514-520.

朱悦,姜丽华,毕华兴,等,2011.黄土高塬沟壑区典型小流域水土保持措施蓄水保土效益分析[J].水土保持研究,18(5):119-123.

蒋定生,1997.黄土高原水土流失与治理模式[M].北京:中国水利水电出版社.

雷志栋,杨诗秀,谢传森,1988.土壤水动力学[M].北京:清华大学出版社

刘世荣,温远光,王兵,等,1996.中国森林生态系统水文生态功能规律[M].北京:中国林业出版社.

王文圣,丁晶,李耀清,2005.水文小波分析[M].北京:化学工业出版社.

吴钦孝,杨文治,1998.黄土高原植被建设与持续发展[M].北京:科学出版社.

中野秀章,1983.森林水文学[M].北京:中国林业出版社.

张建军,张守红,2017.水土保持与荒漠化防治实验研究方法[M].北京:中国林业出版社.

中国森林立地分类编写组,1989.中国森林立地分类[M].北京:中国林业出版社.

Barnes C,Allison G,1988. Tracing of water movement in the unsaturated zone using stable isotopes of hydrogen and oxygen[J]. Journal of Hydrology,100(1):143-176.

Berg B,Berg MP,Bottner P,et al.,1993. Litter mass loss rates in pine forests of Europe and Eastern United

States: some relationships with climate and litter quality[J]. Biogeochemistry,20(3):127-159.

Bray J R,Gorham E,1964. Litter Production in Forests of the World[J]. Advancecolreslond,2(8):101-157.

Breshears D D,Cobb N S,Rich P M,et al.,2005. Regional vegetation die-off in response to global-change-type drought[J]. Proceedings of the National Academy of Sciences of the United States of America.,102(42): 15144-15148.

Czerepko J,2008. A long-term study of successional dynamics in the forest wetlands[J]. Forest Ecology & Management.,255(3-4):630-642.

Facelli J M,Pickett S T A,1991. Plant litter: Its dynamics and effects on plant community structure[J]. Botanical Review,57(1):1-32.

Freschet G T,Cornelissen J H C,2012. A plant economics spectrum of litter decomposability[J]. Functional Ecology,26(1):56-65.

Gates J B,Scanlon B R,Mu X M,et al,2011. Impacts of soil conservation on groundwater recharge in the semi-arid Loess Plateau,China[J]. Hydrogeology Journal,19(4):865-875.

Gates J B,Scanlon B R,Mu X M,et al.,2011. Impacts of soil conservation on groundwater recharge in the semi-arid Loess Plateau,China[J]. Hydrogeology Journal,19(4):865-875.

Genuchten V,Th. M,1980. A Closed-form Equation for Predicting the Hydraulic Conductivity of Unsaturated Soils[J]. Soil Science Society of America Journal,44(5):892-898.

Grime J P,1998. Benefits of plant diversity to ecosystems: immediate,filter and founder effects[J]. Journal of Ecology,86(6):902-910.

Grinsted A,Moore J C,Jevrejeva S,2004. Application of the cross wavelet transform and wavelet coherence to geophysical time series[J]. Nonlinear Processes in Geophysics,11(5):561-566.

Helalia A M,1993. The relation between soil infiltration and effective porosity in different soils[J]. Agricultural Water Management,24:9347.

Hu W,Shao M A,Si B C,2012. Seasonal changes in surface bulk density and saturated hydraulic conductivity of natural landscapes[J]. European Journal of Soil Science,63(6):820-830.

Huang T M,Pang Z H,2011. Estimating groundwater recharge following land-use change using chloride mass balance of soil profiles:a case study at Guyuan and Xifeng in the Loess Plateau of China[J]. Hydrogeology Journal,19(1):177-186.

Huff F A,1967. Time distribution of rainfall in heavy storms[J]. Water Resources Research,3(4):1007-1019.

Jian SQ,Zhao CY,Fang SM,et al.,2015. Effects of different vegetation restoration on soil water storage and water balance in the Chinese Loess Plateau[J]. Agricultural and Forest Meteorology,20(6):85-96.

Jiang Y L,Shao M A,2013. Effects of soil structure stability on saturated hydraulic conductivity between land use types[J]. Soil Research,2014,52:340-348.

Jiao Q,Li R,Wang F,et al.,2016. Impacts of Re-Vegetation on Surface Soil Moisture over the Chinese Loess Plateau Based on Remote Sensing Datasets[J]. Remote Sensing,8(2):206-216.

Jordanna E,et al.,2014. Saturated hydraulic conductivity in Sphagnum-dominated peatlands: do microforms matter?[J]. Hydrological Processes,28(14):4352-4362.

Lamparter A,Bachmann J,Deurer M,et al.,2010. Applicability of ethanol for measuring intrinsic hydraulic properties of sand with various water repellency levels[J]. Vadose Zone Journal,9(2):445-450.

Li Y S,1983. The properties of water cycle in soil and their effect on water cycle for land in the Loess Plateau [J]. Acta Ecologica Sinica,3(2):91-101.

Maguire D A,1994. Branch mortality and potential litterfall from Douglas-fir trees in stands of varying density

[J]. Forest Ecology & Management,70(1-3):41-53.

Peng H,Tague C,Jia Y W,2016. Evaluating the eco-hydrologic impacts of reforestation in the Loess Plateau, China,using an eco-hydrologic model[J]. Ecohydrology ,9(3):498-513.

Philippe Vandevivere, Philippe Baveye, 1990. Saturated hydraulic conductivity reduction caused byaerobic bacteria in sand columns[J]. SSAJ,56(1):1-13

Rorabaugh M I,Simons W D,1966. Exploration of methods of relating ground water to surface water,Columbia River basin-Second phase[R]. US Geological Survey Openfile Report,1966:62.

Seneviratne S I,Corti T,Davin E L,et al. ,2010. Investigating soil moisture-climate interactions in a changing climate: A review[J]. Earth-Science Reviews,99(3-4):125-161.

Sauer T J,Logsdon S D,2002. Hydraylicand physical properties of stony soils in a small watershed[J]. Soil Science Society of America Journal,66(6):1947-1956.

Suarez D L,Rhoades J D,Lavado R,et al. ,1982. Effect of pH on Saturated Hydraulic Conductivity and Soil Dispersion[J]. SSSAJ,48 (1):50-55

Wang L,Wang SP,Shao HB,et al. ,2012. Simulated water balance of forest and farmland in the hill and gully region of the Loess Plateau in China[J]. Plant Biosystems,146(sup1):226-243.

Wang YQ,Shao MA,Liu ZP,2013. Vertical distribution and influencing factors of soil water content within 21-m profile on the Chinese Loess Plateau[J]. Geoderma. ,193:300-310.

Yang L,Wei W,Chen L,Mo B,2012. Response of deep soil moisture to land use and afforestation in the semi-arid Loess Plateau,China[J]. Journal of Hydrology,475(6):111-122.

Zhou X,Talley M,Luo Y,2009. Biomass,Litter,and Soil Respiration Along a Precipitation Gradient in Southern Great Plains,USA[J]. Ecosystems,12(8):1369-1380.